应用型本科院校规划教材

下一代互联网技术

主　编：许　颖

副主编：郑海燕　韩　伟　江志军

参　编：苏楠楠　王伟华　尉粮苹

赵　晖　许远斌

中国海洋大学出版社

·青岛·

图书在版编目（CIP）数据

下一代互联网技术 / 许颖主编 . —青岛：中国海洋大学出版社，2023.11

ISBN 978-7-5670-3728-1

Ⅰ . ①下… Ⅱ . ①许… Ⅲ . ①互联网络—基本知识 Ⅳ . ① TP393.4

中国国家版本馆 CIP 数据核字（2023）第 243349 号

XIA YI DAI HULIANWANG JISHU

下一代互联网技术

出版发行 中国海洋大学出版社
社　　址 青岛市香港东路23号　　**邮政编码** 266071
网　　址 http://pub.ouc.edu.cn
出 版 人 刘文菁
责任编辑 王积庆
印　　制 日照日报印务中心
版　　次 2023 年 11 月第 1 版
印　　次 2023 年 11 月第 1 次印刷
成品尺寸 170 mm × 240 mm
印　　张 14.75
字　　数 218千
印　　数 1 ~ 1000
定　　价 49.00 元
订购电话 0532-82032573（传真）

前言

第一代互联网自20世纪90年代正式投入商业运营以来，经过多年的发展，原来的IPv4地址协议已经出现明显的局限，IP地址面临枯竭，以IPv6为核心的下一代互联网提上了日程。我国和世界其他各国都在积极推动下一代互联网技术的研究和开发，下一代互联网以其“宽带窄带一体化、有线无线一体化、有源无源一体化、传输接入一体化”的独特优势，占据了经济、科技、生活和社会发展的重要地位。下一代互联网技术已成为专业技术人才培养的必备学习内容。

“下一代互联网技术”是网络工程专业的一门专业方向课。通过本课程的学习，学生能够全面和深入地了解下一代互联网技术的发展方向，熟悉典型协议和业务模式，掌握关键技术的功能特点，提高专业应用和业务管理能力，并具备进一步研究和开发的能力。该课程的开展将有效提高未来从事计算机与信息技术开发与应用工作的专业技术人员的专业素质，促进下一代互联网产业的应用和发展。

本书共7章，第1章为下一代互联网概论，主要讲述下一代互联网的概念、特征、体系结构、形成与发展。第2章为下一代互联网相关技术，主要讲述以虚拟化、云计算、大数据、区块链、人工智能为代表的信息技术；以广域网、局域网、物联网、标识解析为代表的通信技术；以PLC、传感器、工业现场通信、工业网关为代表的自动化技术。第3章为IPv6技术，主要讲述IPv6的概念与特征、报文结构、地址格式、地址类型、过渡技术等。第4章为下一代互联网传输层协议，主要讲述SCTP协议、CMT-SCTP协议、MPTCP协议的概念、功能与工作原理以及三种协议的比较。第5章为软件定义网络SDN，主要讲述SDN的体系结构、关键技术（数据平面关键技术、控制平面关键技术）、交互协议与控制器、应用与发展。第6章为下一代互联网接入技术，主要讲述以太网接入技术、HFC接入技术、PON接入技术、无线接入技术。第7章为下一代互联网安全技术，主要讲述下一代互联网存在的安全隐患、研发现状、关键技术（量子密码与后量子密码技术、国产密码算法、IPSec、防火墙技术、网络安全态势感知关键技术）、应用发展等。

本书特色主要体现在以下几个方面：

1. 内容编排创新性强

本书创新内容编排样式，突出以学生为中心的教学理念，在每章的开始处均列出能力目标和知识结构，有助于学生快速浏览本章的知识点并了解能力要求。

2. 教材内容实用性强

本书在内容选择上注重与实际的结合，所选内容均与工作和生活有密切的关系，以理论知识够用维度，突出下一代互联网技术，加强网络技术能力培养。

3. 教学对象针对性强

本书针对应用型本科院校学生基础、培养要求和“下一代互联网技术”课程要求，合理界定教材内容的深度和广度，面向“应用”，构筑知识和能力并列、并重有机组合的教材模式。

本书由许颖主编，郑海燕通编全稿，韩伟、江志军、苏楠楠、王伟华、尉粮苹、赵晖、许远斌参加了编写工作。本书在编写过程中得到了信息工程学院老师、同学们的大力支持与帮助，在此一并致以谢意。感谢被引用的各类参考文献的作者，特别要说明的是，本书还参考了Internet上的内容，在参考文献中没有逐一列出。

本书讲解由浅入深、通俗易懂，可作为应用型高等院校网络工程及相关专业本科生的教材，也可作为网络工程技术人员及网络爱好者的参考书。

下一代互联网技术内容新，可借鉴的资料少，加之编者水平有限，书中难免有偏颇，敬请广大读者批评指正。

编者

2023年10月于青岛

目录

第 1 章

下一代互联网概论

计算机网络是将计算机技术和通信技术相结合，通过物理设备、通信协议和软件系统等手段，实现计算机之间的连接和数据传输以及信息交流、资源共享和协同工作的技术体系。互联网是计算机网络的最重要应用之一，它将数以亿计的计算机和设备连接在一起，通过共享信息和资源实现全球范围内的通信和交流。随着互联网IPv4地址的枯竭，以及对互联网安全性和管理、维护、运营要求的提高，下一代互联网（NGI）建设提上日程。下一代互联网是一个建立在IPv6技术基础上的新型公共网络，能够容纳各种形式的信息，在统一的管理平台下，实现音频、视频、数据信号的传输和管理，提供各种宽带应用和传统电信业务，是一个真正实现宽带窄带一体化、有线无线一体化、有源无源一体化、传输接入一体化的综合业务网络。本章主要讲述下一代互联网概论的概念、特征、体系结构和发展前景。

能力目标

了解互联网的发展局限。

能够说出下一代互联网的发展历程和前景。

掌握下一代互联网的概念和特征。

熟悉下一代互联网的体系结构。

了解下一代互联网的建设意义。

知识结构

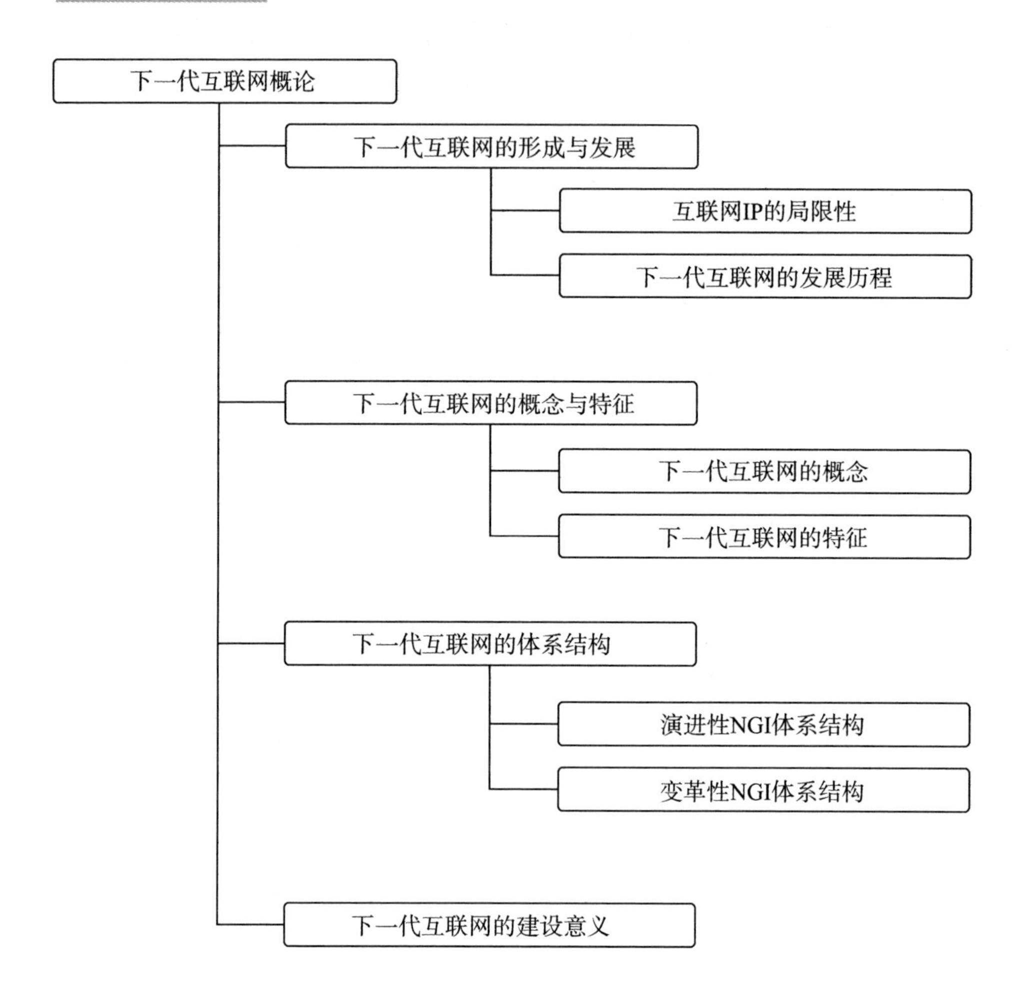

下一代互联网概论
下一代互联网的形成与发展
互联网IP的局限性
下一代互联网的发展历程
下一代互联网的概念与特征
下一代互联网的概念
下一代互联网的特征
下一代互联网的体系结构
演进性NGI体系结构
变革性NGI体系结构
下一代互联网的建设意义

1.1　下一代互联网的形成与发展

下一代互联网的形成与发展是技术进步和社会需求共同推动的过程。随着互联网的普及和应用范围的扩大，人们对更快速、更安全、更智能的互联网体验的需求日益增长。在此背景下，新的技术和概念应运而生，为下一代互联网的形成奠定了基础。

1.1.1　互联网IPv4的局限性

互联网的发展历程可以追溯到20世纪60年代末和70年代初，第一代互联网是美国军方从70年代正式进行开发建设的。1969年，美国国防部高级研究计划局（ARPA）创建了一个名为ARPANET的计算机网络，旨在连接美国各大高校和研究机构，以实现信息共享和通信。1983年，互联网协议套件（TCP/IP）被采用为ARPANET的标准，这标志着互联网的基本架构建立起来。1991年，互联网在全球范围内开始商业化，互联网服务提供商（ISP）开始提供公共互联网接入。互联网的发展历程不仅改变了我们的生活方式，也对经济、教育、医疗等各个领域产生了深远的影响。未来，随着技术的不断发展，互联网将继续推动着人类社会的进步。

随着互联网的发展，原来的IPv4（Internet Protocol version 4）地址协议已经出现明显的局限，最主要的问题就是IP地址已经不能满足需要。此外，原有互联网还面临着在可扩展性、端到端的IP连接、网络安全性缺陷以及QoS（服务质量）等方面的挑战。

具体来说，互联网IPv4的局限性主要体现在以下几方面：

1. IPv4地址枯竭

IPv4是当前广泛使用的互联网协议版本，它使用32位地址，最多可支持42亿个IP地址。然而，随着互联网的迅速发展和设备的爆炸性增长，IPv4地址资源已经接近枯竭，这导致了IP地址供应紧张，限制了新设备的连接和互联网的扩展。虽然采取了无类域间路由选择（CIDR）和网络地址转换

（NAT）等措施来缓解IPv4地址资源匮乏的问题，但仍然不能阻止IPv4地址枯竭的步伐。

2. 有限的地址空间

IPv4地址空间的有限性是互联网发展面临的一个重要挑战，尤其是在物联网的快速发展背景下。物联网是指通过互联网连接和管理各种物理设备、传感器和其它对象的网络，它涵盖了家庭设备（如智能家居和智能电器）和工业设备（如智能工厂和智慧城市的各种设备）。物联网的快速发展意味着需要更大的地址空间来连接和管理海量的设备，根据预测，到2025年全球物联网设备数量将超过750亿台，IPv4所能提供的IP地址远远不能满足现在及将来物联网设备数量爆炸性增长需求。

3. 缺乏内置安全性

IPv4没有内置的安全性机制，如加密和身份验证等，容易受到网络攻击和欺诈的威胁。这对于保护用户的数据和隐私构成了风险，需要通过额外的安全层来提供保护。

互联网安全需要集成和协调网络安全、网络应用安全和网络信息安全3个体系。然而，在"核心简单、边缘智能"设计思想指导下，TCP/IP缺乏安全保障机制，网络中数据来源不可靠、信息内容不安全、网络入侵与攻击行为泛滥。目前，Internet中的安全措施大多是遵循"堵漏洞、筑高墙、防外攻"的传统思想，较多局限于数据信息安全的可用性、完整性、机密性等，部分延伸至系统服务安全，如身份认证和访问控制等，缺乏将分散的安全措施整合成一致的安全体系机制。实践证明，孤立、单一、外在附加的分散防御控制措施并不能真正保证互联网安全，且随着网络新应用的发展，互联网安全会越来越脆弱。

4. 有限的质量服务支持

IPv4对于实时和高带宽应用的支持有限。现有Internet面向非实时的数据通信没有提供QoS保障措施，OSI/RM为QoS预留一些服务质量参数，但长期空缺未用TCP/IP的QoS保障主要表现在数据传输的丢包率、延迟、拥塞控制和带宽管理、流量优化等。下一代互联网环境下新型应用（如虚拟现实、数字孪生、元宇宙等）融合文本、图形、图像、视频、动画、语音等综合服务，当前体系结构的QoS保障能力不能满足下一代互联网需求。

1.1.2 下一代互联网的发展历程

随着超高速光通信、无线移动通信、高性能低成本计算和软件等技术的迅速发展，以及互联网创新应用的不断涌现，人们对互联网的规模、功能和性能等方面的需求越来越高。然而，传统的互联网基于IPv4协议面临着一系列技术挑战。为了应对这些技术挑战，发达国家如美国从20世纪90年代中期开始研究下一代互联网，中国的科技人员也于20世纪90年代后期开始了下一代互联网的研究。下一代互联网的研究主要集中在解决IPv4地址空间有限的问题，其中，IPv6（Internet Protocol version 6）被广泛认可为解决方案，它提供了更大的地址空间，可以满足物联网等新兴应用对地址的需求。此外，下一代互联网的研究还包括提升网络安全、增强服务质量控制能力、提高带宽和性能等方面的工作。上述研究的目标是实现更大规模、更安全、更高质量、更高性能的互联网，以满足不断增长的网络地址、安全和质量需求。

1. 国外下一代互联网的发展历程

各个国家的下一代互联网研究计划不断启动、实施和重组，其研究和实验正在不断深入。从技术路线上看，有的遵循“演进性”路线，认为可以在原有互联网的基础上对下一代互联网体系结构进行改善；有的遵循“革命性路线”，认为需要从根本上改变互联网的体系结构，才能彻底解决互联网所面临的诸多问题。

1996年10月，美国政府宣布启动下一代互联网研究计划，其他国家的下一代互联网项目也陆续启动。全球下一代互联网试验网的主干网逐渐形成，规模不断扩大，包括美国的Internet2、欧洲的GEANT2、亚洲的APAN以及跨欧亚的TEIN2等，这些项目的设计大多遵循“演进性”的技术路线。

2000年，美国启动了NewArch项目，其目标是“为未来的10到20年开发和建设一种加强的Internet体系结构”。NewArch项目研究了互联网变化的需求，并对一些关键的体系结构问题和思想进行了探索，形成了一系列的报告，但其具体实现方案仍然沿用了现有互联网技术，仅仅在应用层进行了功能性验证。

2003年，美国科学基金会（NSF）启动Clean Slate 100*100研究计划，针对“推倒重来，从零开始”的设计方法论、全面的网络框架及网络拓扑设计、网络协议栈设计等3个方面展开研究，计划到2010年实现1亿家庭用100 Mb/s上网。此后，美国NSF还启动了FIND、SING、NGNI等研究项目。2005年，美国NSF又启动全球网络创新环境GENI项目，提出了许多新的概念，并引入了OpenFlow作为实验平台。

2006年，美国NSF再次启动全新互联网设计（Clean Slate Design for The Internet）项目，除了斯坦福大学等高校的团队以外，还有众多工业界伙伴参与。项目目标是通过建立网络互联、计算和存储的创新平台来彻底改造互联网基础设施和服务，其重点是移动计算。同年，日本政府启动新一代网络架构设计AKARI项目，希望重新设计互联网的体系结构。AKARI共分为3个阶段（JGN2、JGN2+、JGN3）建设试验床。

2007年，欧盟启动未来互联网研究和实验平台计划FIRE，其目标是建立欧洲未来互联网实验平台，支持有关解决网络可扩展性、复杂性、移动性、安全性以及透明性问题的新方法研究。

2009年，美国NSF启动针对网络科学与工程的研究计划NetSE，并把FIND、SING、NGNI等3个项目并入到NetSE，希望通过跨学科、跨领域的联合研究，突破未来互联网体系结构的研究。2010年NSF又设立了未来互联网体系结构计划FIA。

2. 中国下一代互联网的发展历程

中国较早开展了下一代互联网的研究，国家自然科学基金、国家重点基础研究发展（“973”）计划项目、国家高技术研究发展（“863”）计划项目、科技支撑计划项目、中国下一代互联网（CNGI）项目都是有力的支持，从基础研究、关键技术突破、推广应用3个层次，开展下一代互联网体系结构研究的探索与实践。

2000年年底，国家自然科学基金委启动了“中国高速互联研究实验网络

（NSFCNET）”项目，研制成功了中国第一个地区性下一代互联网试验网络。该网络采用当时国际上先进的密集波分复用（Dense Wavelength Division Multiplexing，DWDM）和IPv6技术，连接了清华大学、北京大学的6个节点，开发了一批面向下一代互联网的重大应用，并通过Internet2，实现了中国下一代互联网试验网与国际下一代互联网的对等互联。

2002年，中国57位院士上书国务院，呼吁“建设中国第二代互联网的学术性高速主干网”。2003年8月，国务院正式批复由国家发展改革委、中国工程院、信息产业部、教育部等8部门联合启动“中国下一代互联网示范工程”。

2004年12月底，初步建成CERNET2，它连接中国20个主要城市的25个核心节点，为数百所高校和科研单位提供下一代互联网的高速接入，并通过中国下一代互联网交换中心CNGI-6IX高速连接国外下一代互联网。

在IPv4时代，中国在互联网领域的研究落后国外8～10年。IPv6的顺利实施，使中国在这一领域的研究与应用已与国际水平并驾齐驱，在某些方面甚至领先国际水平。

2009年，该项研究继续得到“973”计划的延续支持，启动了新一期“973”项目“新一代互联网体系结构和协议基础研究”，在前期“973”项目的基础上，从IPv6互联网出发解决互联网的重大技术挑战，继承和发展前期项目初步理论研究成果，不仅注重体系结构的理论探索，同时更加注重体系结构协议的基础研究，并继续深入研究多维可扩展的网络体系结构及其基本要素，以及体系结构对规模可扩展、性能可扩展、安全可扩展、服务可扩展、功能可扩展、管理可扩展的支持。同时，还面向互联网开始大规模采用IPv6协议，随着异构环境、普适计算、泛在联网、移动接入和海量流媒体等新应用的涌现，重点解决急需的重大技术挑战，如大规模网络的编址和路由、异构接入网络实时服务质量保证和大规模流媒体高效网络传送等。

1.2 下一代互联网的概念与特征

1.2.1 下一代互联网的概念

下一代互联网是指对当前互联网基础架构和技术进行改进和升级的新一代互联网。它旨在解决当前互联网面临的一些挑战和限制，提供更高速、更安全、更可靠和更智能的互联网连接和服务。

下一代互联网的定义可能会因技术和标准的不同而有所不同，但IPv6被广泛认为是下一代互联网的基础，它提供了更大的地址空间，以解决IPv4地址的枯竭问题，并支持更多的设备和连接。此外，下一代互联网还涉及新的通信协议、网络架构和技术，如软件定义网络（SDN）、网络功能虚拟化（NFV）、5G移动通信等。

总的来说，下一代互联网以IPv6为基础和核心，通过对现有互联网技术的创新以及网络体系架构的改进，具有更大的地址空间、更高的带宽、更低的延迟、更强的安全性和隐私保护、更好的可扩展性和更智能的网络管理，在性能方面远远领先于现代互联网。

1.2.2 下一代互联网的特征

1. 下一代互联网优于第一代互联网的特征

（1）地址空间更大。地址空间更大指的是下一代互联网将逐渐放弃IPv4，启用IPv6地址协议，地址空间从2^{32}增加到2^{12}，几乎可以给每一个家庭中的每一个可能的物品分配一个IP地址，让数字化生活变成现实。

（2）速度更快。速度更快指的是下一代互联网将比现在的网络传输速度提高1000倍以上。在下一代互联网，高速强调的是端到端的绝对独享带宽速率，而不是现今网络中的共享带宽速率。

（3）网络更安全。网络更安全指的是目前的计算机网络因为协议缺陷，存在大量安全隐患，因而下一代互联网在建设之初就充分考虑了安全问题，比如采用实名与IP捆绑等措施，这样就使网络可控性与可靠性大大增强。

（4）服务更及时。服务更及时指的是下一代互联网必须支持组播和面向服务质量的传输控制等功能，从而可以更及时地为用户提供各种实时数据传输需求。

（5）接入更方便。接入更方便指的是下一代互联网必须能够支持更方便、快捷的接入方式，支持终端的无线接入和移动通信等。

2. 下一代互联网的融合特征

高度融合的网络特征主要体现在如下几个方面：

（1）技术融合。电信技术、数据通信技术、移动通信技术、有线电视技术及计算机技术相互融合，出现了大量的混合各种技术的产品，如路由器支持话音、交换机提供分组接口等。

（2）网络融合。传统独立的网络、固定与移动、话音和数据开始融合，逐步形成一个统一的网络。

（3）业务融合。未来的电信经营格局绝对不是数据和话音的地位之争，而更多的是数据、话音两种业务的融合和促进。同时，图像业务也会成为未来电信业务的有机组成部分，从而形成话音、数据、图像三种在传统意义上完全不同的业务模式的全面融合。大量话音、数据、视频融合的业务，如VOD、VoIP、IP智能网、Web呼叫中心等业务不断广泛应用，网络融合使得网络业务表现更为丰富。

（4）产业融合。网络融合和业务融合必然导致传统的电信业、移动通信业、有线电视业、数据通信业和信息服务业的融合，数据通信厂商、计算机厂商开始进入电信制造业，传统电信厂商大量收购数据厂商。

3. 从互联网经济到光速经济

自20世纪90年代初开始，Internet取得了商业化的巨大成功，对传统通信网络带来了深刻的影响，使得通信行业发生了巨大变化，进入了所谓的互联网络经济时代。其主要技术特点表现为：对网络带宽的巨大需求，导致了2.5 Gbps/10 Gbps时分复用和密集波分复用（DWDM）的应用；网络技术由TDM发展为分组交换；网络业务由简单的窄带话音业务，发展到宽带的数据业务；宽带接入技术纷纷涌现。

光速经济是互联网络经济的高级阶段，是电子商务的必要条件。它具有以下主要特点：开拓全新的信息产业领域；网络基础设施将发生革命性改变；通信将不受时间、空间和带宽的限制；从根本上改变人们的工作和生活方式等。

在互联网络经济之前，通信业务受时间、距离和带宽的影响。此外，因为受网络带宽资源的限制，许多内容丰富的业务无法开展，其直接结果就是造成网络业务的单调、网络用户数量有限、利用网络进行商务活动的能力低下。

1.3　下一代互联网的体系结构

纵观各个国家在下一代互联网的研究内容和技术路线，可以看出下一代互联网的体系结构可分为“演进性”和“革命性”两种。

1.3.1　“演进性”NGI体系结构

1. Internet2

Internet2是一个非营利性组织，成立于1996年，旨在推动高速网络和先进应用的研究和开发。它由美国大学、政府机构、工业界和国际合作伙伴组成，致力于构建和维护一个高性能、高速、高容量的研究和教育网络。

Internet2的目标是促进教育、科研和创新，为成员机构提供先进的网络基础设施和服务。它提供了一个专用的光纤网络，称为Internet2 Network，连接了超过330个成员的机构，包括大学、实验室、图书馆和博物馆等。

Internet2 Network采用了先进的网络技术和协议，提供了高速、低延迟、高带宽的网络连接，以支持大规模的数据传输、高性能计算、虚拟现实、远程协作和其他创新应用。它还为成员机构提供了许多附加服务，如安全和身份验证、网络监测和管理、云计算和存储等。

除了提供网络基础设施，Internet2还组织和支持各种研究和教育项目，促进成员机构之间的合作和知识交流。它还与其他国际研究网络组织合作，促进全球网络研究和协作。

总的来说，Internet2是一个致力于推动高速网络和先进应用的组织，为成员机构提供了先进的网络基础设施和服务，以促进教育、科研和创新。

2. GEANT2

GEANT2是一个欧洲的研究和教育网络，它是Internet2的欧洲伙伴。GEANT2成立于2004年，是一个由欧洲各国的国家研究和教育网络组成的联盟。

GEANT2的目标是提供高性能、高速、高容量的网络连接，促进欧洲的研究、教育和创新，它为欧洲的大学、研究机构、图书馆和博物馆等提供了先进的网络基础设施和服务。

GEANT2网络采用了先进的网络技术和协议，提供了高速、低延迟、高带宽的网络连接，它连接了超过40个欧洲国家的成员机构，包括超过5000个研究和教育机构。

除了提供网络基础设施，GEANT2还支持各种研究和教育项目，促进成员机构之间的合作和知识交流。它还与其他国际研究网络组织合作，促进全球网络研究和协作。

3. APAN

APAN（Asia-Pacific Advanced Network）是一个旨在促进亚太地区高性能网络和互联网发展的组织。它为研究机构、大学和其他科研机构提供了一个高速、高带宽的网络基础设施，以支持跨国合作和数据共享。

APAN的目标是通过建立和维护高速网络连接，促进亚太地区的研究和教育合作。它提供了一个平台，使研究人员和学者能够共享数据、资源和知识，从而推动科学研究和教育的发展。

4. 实验平台计划FIRE

实验平台计划FIRE（Future-Generation Internet Architecture）的全称是新型网络体系结构，2000年6月在DARPA资助下启动，由麻省理工学院（Massachusetts Institute of Technology，MIT）的Clark主持，参加单位包括

USC/ISI、MITLCS和国际计算机科学研究所等，根据当时现实和未来需求重新考虑互联网架构。其主要成果包括以下几方面。

（1）提出了新的体系架构模型：FARA（forwarding directive，association，and rendezvous architecture）。

（2）基于角色的可组装体系结构：RBA（role based architecture）。

（3）用户可参与路由的体系结构：NIRA（new internet routing architecture）。

（4）路由器参与的提供QoS框架的拥塞控制：XCP（explicit control protocol）。

5. NSFCNET

NSFCNET项目是中国下一代互联网计划项目（The China Next Generation Internet，CNGI），称为中国高速互连研究试验网络，1999年11月启动，2000年9月试验网络开通，有10多项创新成果。这是中国第一个基于密集波分多路复用DWDM光传输技术的高速计算机互联学术性试验网络，并与美国及国际下一代互联网络连接，为我国开展下一代互联网络技术研究提供了实验环境。它是在中国国家自然科学基金委员会（National Natural Science Foundation of China，NFSC）的资助下，由清华大学、中国科学院计算机信息网络中心、北京大学、北京邮电大学、北京航空航天大学等单位承担建设的一项重大联合研究项目。其总体架构包含网络基础设施、网络服务和网络应用三个层次，如图1-1所示。

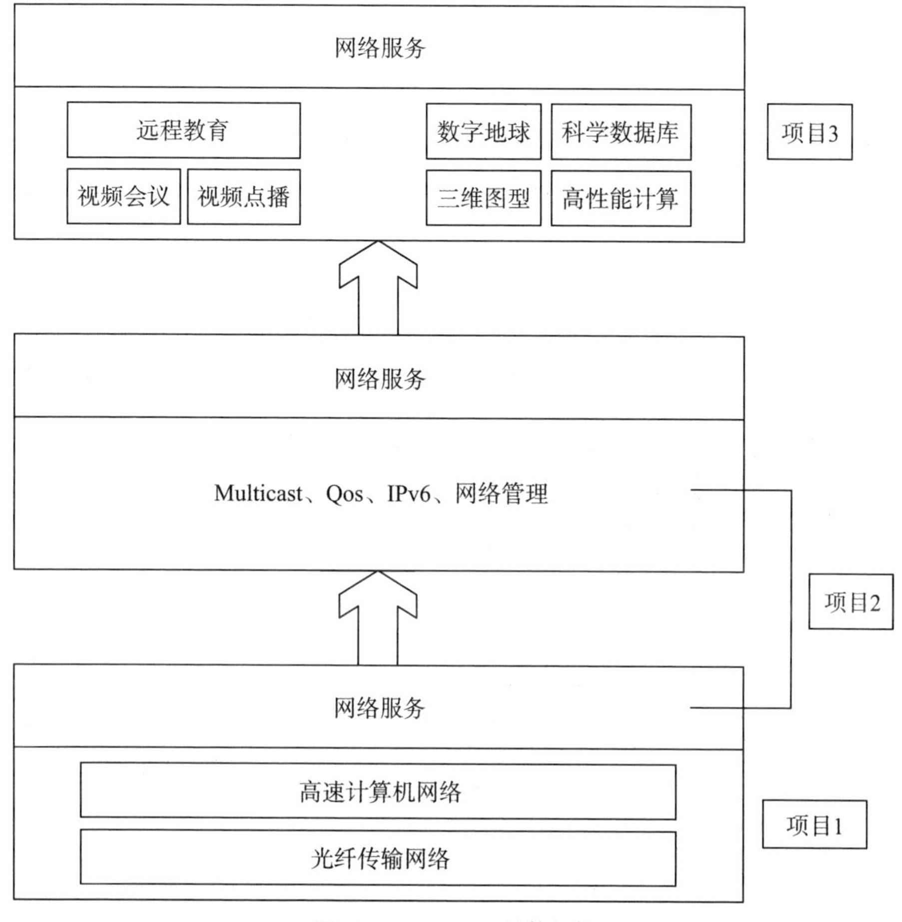

图1-1　NSFCNET总体架构

6. CERNET 2项目

CERNET 2（The China Education and Research Network 2）的全称是第二代中国教育与研究网。CERNET2项目以CERNET为基础，于2001年提出，2003年8月纳入中国下一代互联网CNGI示范工程。CERNET2是中国下一代互联网示范工程CNGI最大的核心网和唯一的全国性学术网，是目前所知世界上规模最大的采用纯IPv6技术的下一代互联网，为基于IPv6的下一代互联网技术提供了广阔的试验环境。CERNET 2的总体架构主要包含CNGI示范网络、技术实验、研发及应用推广、标准研究与制定部分，如图1-2所示。

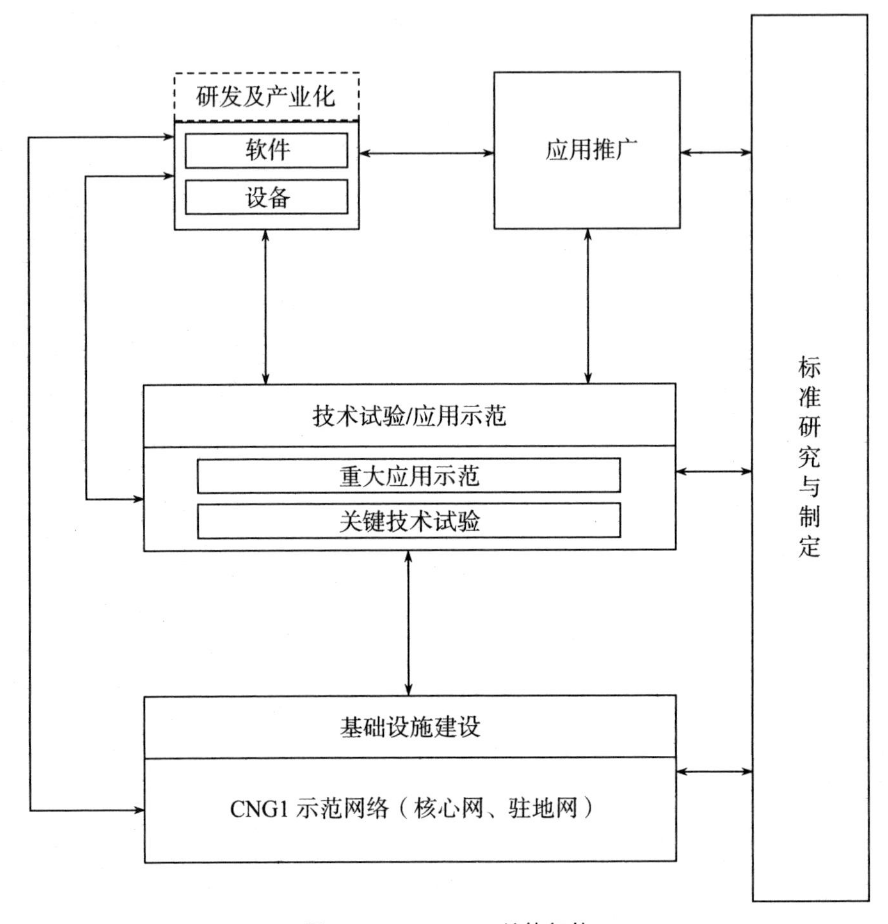

图1-2　CERNET 2总体架构

2003年10月，连接北京、上海和广州三个核心节点的CERNET2试验网率先开通，并投入试运行。2004年1月15日，包括美国Internet2、欧盟GEANT和中国CERNET在内的全球最大的学术互联网，在比利时首都布鲁塞尔向全世界宣布，同时开通全球IPv6下一代互联网服务。2004年3月，CERNET 2试验网正式向用户提供IPv6下一代互联网服务。目前，CERNET2已经初具规模且已经接入北京大学、清华大学、复旦大学、上海交通大学、浙江大学等100多所国内高校。

CERNET2的突出成果主要有以下几方面：

（1）是中国第一个IPV6国家主干网；

（2）是目前世界上规模最大的纯IPv6主干网；

（3）建成了中国下一代IPv6网交换中心；

（4）采用了自主开发的关键设备及技术，为下一代互联网带动的产业互联网发展打下了坚实基础。

1.3.2 “革命性”NGI体系结构

1. NewArch

NewArch（Future-Genration Internet Architecture）是由中国国家互联网信息办公室提出的项目，意为“新一代互联网架构”。该项目旨在推动互联网技术的创新和发展，构建更加安全、可靠、高效和可持续的互联网基础架构。

NewArch项目的核心思想是以人工智能、大数据、云计算、物联网等新兴技术为支撑，通过网络虚拟化、软件定义网络、边缘计算等技术手段，实现对互联网基础设施的升级和优化。

NewArch项目的目标是构建一个智能、开放、安全的互联网生态系统，提供更好的用户体验，支持新兴应用和服务的快速发展，这些努力将为中国的下一代互联网发展带来新的机遇。

2. CleanSlate100*100

CleanSlate100*100计划的核心思想是从头开始重新构建互联网，摒弃当前使用的技术和协议。该计划提出了一系列新的设计原则和技术方案，旨在实现更高效、更安全和更可靠的互联网。

该计划的具体细节和进展情况可能会有所不同，因为这只是一个假设的项目名称。然而，许多研究机构和学术界都在研究和探索下一代互联网的发展，以满足未来对互联网的需求，其中一个重要的方面是IPv6协议的推广和应用。

3. AKARI

AKARI项目是由日本国家信息和通信技术研究所（National Institute of Information and Communications Technology，NICT）于2006年提出的未来互联网研究计划，其目标是消除现有网络体系架构限制，推出一个全新的网络架构，以解决当今网络的问题，满足未来网络的需要。研究内容涉及未来网络数据包传输、交换、安全性、终端移动性、服务多元性及资源高效利用等问题。

AKARI要求遵循四项原则：

（1）新架构要足够简洁；

（2）真实连接原则，即新的架构要支持通信双方的双向认证和溯源；

（3）具备可持续性和演化能力，即新架构应成为社会基础设施的一部分，满足未来50～100年的发展需要；

（4）架构本身应具有演化能力。

4. SOFIA体系结构

SOFIA（Service Oriented Future Internet Architecture）的全称是面向服务的未来互联网体系结构，由中国科学院计算机研究所提出，于2012年获国家重点基础研究发展计划（“973”计划）的资助，是一个面向网络服务的体系结构。该结构在TCP/IP网络的网络层和传输层间，新增了一个服务层，使其作为SOFIA体系结构模型的“细腰”。在SOFIA中，应用程序通过服务会话处理服务请求和服务数据。一个服务会话可以对应多个服务连接，每一个服务连接绑定两个特定的通信节点（可以是客户端主机、服务器、中间节点等）。客户通过请求服务（服务名字）对服务会话进行初始化。接收到服务请求后，路由器根据服务转发表的相应规则处理请求。这些规则可以是转发规则（如负载平衡），也可以是处理规则（如缓存），而规则可以由集中控制器下发，以满足网络运营者的特定要求。为了解决服务转发表规则频繁更新的问题及复杂的转发规则带来的查找性能问题，并与现有网络兼容发展，SOFIA服务核心构建在网络层（如IPv4/IPv6）之上，在两个层之间实现了服务处理的解耦，由服务层提供灵活的服务处理，由网络层提供高效的数据传输。

SOFIA的主要特点有两个方面：

（1）解耦合的服务发现和数据传输；

（2）服务中继，以保证对多播、多路径和多宿主等网络基本功能的支持。

1.4 下一代互联网的建设意义

20世纪末以来，欧美日韩等发达国家相继启动了下一代互联网研究和试验计划，力求在新一轮产业技术和国家经济竞争中占据主动。在中国经济和产业面临转型的今天，中国在下一代互联网关键技术及产业上的突破，必将为中国的经济和产业转型产生重要而深远的意义，为后续发展提供重要的推动力。

对于未来的社会，网络是最重要基础设施，将对社会经济、科技教育发展，乃至国防、政治都将起到决定性的影响。如果失去对下一代互联网的发言权，将在很大程度上受制于人。因此，研制与建设下一代互联网，对我国有着举足轻重的意义。从这个角度出发，国家应对这一具有战略意义的研究工作，制定系统规划，把下一代互联网建设上升到国家层面，并加大对其投资及关注力度。

1.5 下一代互联网的发展前景与挑战

下一代互联网充满着潜力，有着美好的发展前景，同时也面临着一些挑战。

1.5.1 下一代互联网的发展前景

1. 网速越来越快

下一代互联网将提供更高的传输速度和更低的延迟，使用户能够更快地访问和共享数据，推动在线体验的进一步发展。

2. 链接越来越广

下一代互联网将促进物联网的普及和发展，实现更广泛的设备互联，从智能家居到智能城市的各个领域都将受益。物联网的扩展将带来更多的智能化应用和便利。

3. 应用越来越智能

下一代互联网将进一步推动人工智能和机器学习技术的应用。通过更大规模的数据收集和更强大的计算能力，人工智能将能够更好地理解和应对人类需求，并提供更智能化的服务。

4. 协同越来越广泛

下一代互联网将采用更多的分布式技术和区块链技术，提供更高的安全性和去中心化特性。这将改变现有的中心化模型，增加数据的隐私和安全性。

1.5.2　下一代互联网的挑战

1. 隐私和安全

随着互联网的发展，隐私和安全问题变得更加重要。下一代互联网需要解决个人隐私泄露、数据安全和网络攻击等问题，确保用户数据的安全和保密。

2. 数字鸿沟

在下一代互联网中，仍然存在数字鸿沟的问题。尽管连接速度和技术进步较大，但在一些地区和人口中依然存在着互联网接入的不平等现象。需要采取相关措施，确保广大用户能够平等地使用互联网。

3. 伦理和法律挑战

随着人工智能和机器学习的发展，出现了一系列伦理和法律挑战。例如，人工智能算法的公平性、自主决策的透明性以及数据使用的伦理问题等。下一代互联网需要建立相关的法律和伦理框架，从根本上解决这些问题。

4. 网络治理和国际合作

下一代互联网的发展需要全球范围内的网络治理和国际合作。各国之间需要就互联网的规则和标准达成共识，以促进互联网的可持续发展和公平使用。

总之，下一代互联网将为我们带来许多机遇和挑战，解决这些挑战需要全球各方的共同努力，以确保下一代互联网的发展符合人类的利益，并为社会创造更大的价值。

练习题

1. 简述下一代互联网的发展历程。

2. 下一代互联网有哪些特征?

3. 下一代互联网的体系结构有哪些?

4. 为什么要发展下一代互联网? 建设下一代互联网的意义有哪些?

5. 阐述下一代互联网在生活中的应用。

第2章
下一代互联网相关技术

随着科技的快速发展，互联网正经历着一场革命性的变革。下一代互联网作为这场变革的核心，将以前所未有的方式重塑我们的工作和生活。它依托于新兴技术的支持，具有前所未有的智能、高效和安全性能。新兴技术是指不断发展的数字化、网络化、智能化技术，包括新一代信息技术、通信技术、自动化技术等。这些技术的不断进步和广泛应用，为我们提供了更加高效、便捷、准确的信息处理和网络服务，同时也为我们提供了更加深入的数字化体验和智能化生活。随着下一代互联网技术的不断完善，下一代互联网的应用场景将不断拓展，从智慧家居、智慧医疗、智慧交通及智能工厂等领域延伸到更多行业。我们相信依托互联网新兴技术，下一代互联网将成为信息时代发展的新里程碑，引领我们迈向一个万物互联、更加智能的美好未来。本章主要讲述与下一代互联网相关的信息技术、通信技术、自动化技术。

能力目标

能够说出新一代信息技术的名称、特点和应用领域。

能够识别虚拟化技术在不同领域的应用。

能够识别人工智能的不同应用层次。

能够说出通信技术的名称、特点和应用领域。

能够区分不同的自动化技术。

知识结构

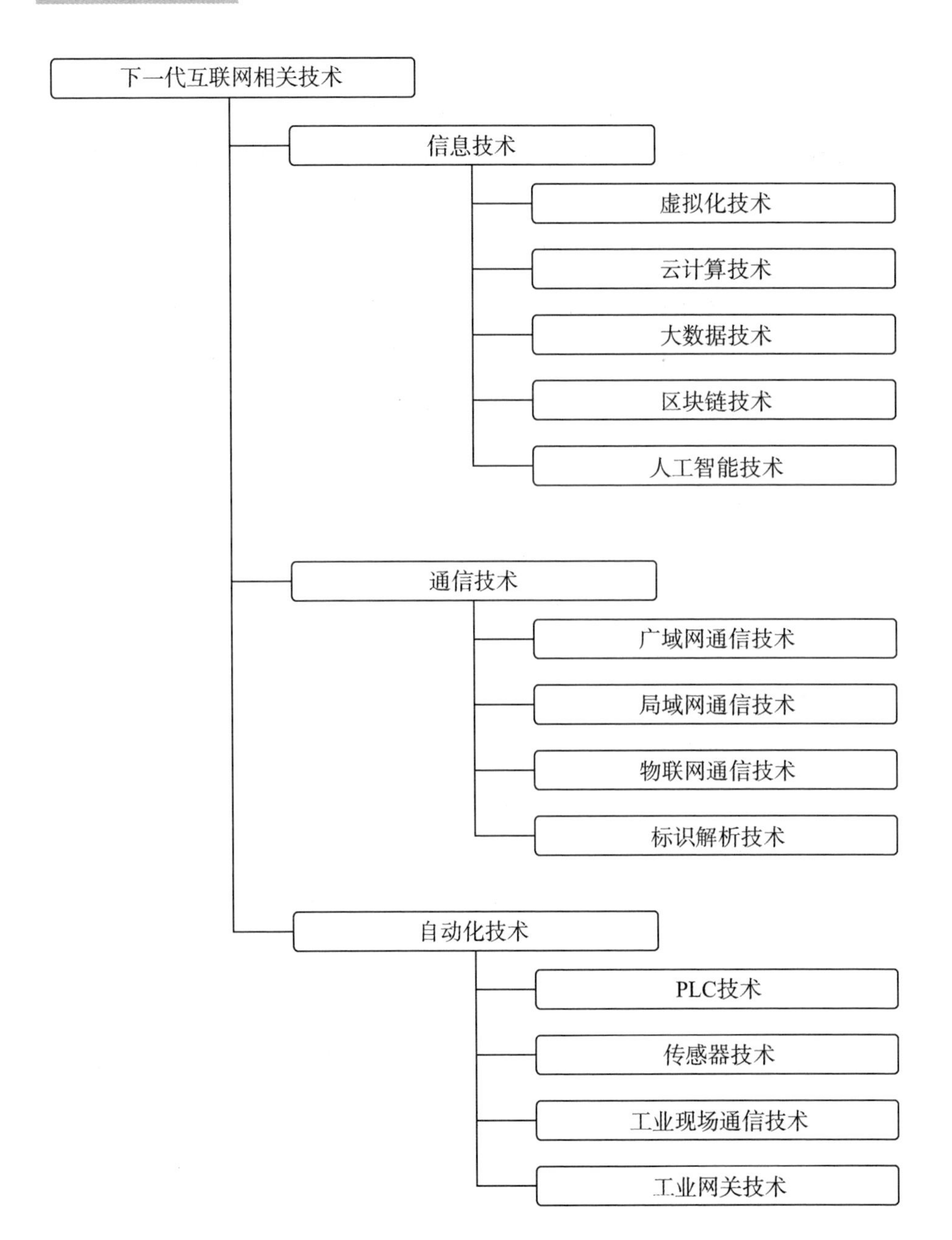
下一代互联网相关技术
信息技术
虚拟化技术
云计算技术
大数据技术
区块链技术
人工智能技术
通信技术
广域网通信技术
局域网通信技术
物联网通信技术
标识解析技术
自动化技术
PLC技术
传感器技术
工业现场通信技术
工业网关技术

2.1 信息技术

新一代信息技术（Information Technology，IT）包括人工智能、云计算、大数据、物联网等，是当今世界科技创新的前沿领域，利用新一代信息技术赋能千行百业、提升效率和质量、创造价值和竞争力、实现数字化转型，已经成为全球范围内的共识和趋势，也是我国实施创新驱动发展战略和建设现代化经济体系的重要途径。新一代信息技术正以前所未有的速度改变着我们的生活、工作和社会。人工智能、数字虚拟、云计算等新一代信息技术催生了众多的创新应用，也为我们带来了新机遇和新挑战。

2.1.1 虚拟化技术

虚拟化（Virtualization）是当今热门技术云计算的核心技术之一，它可以实现信息技术资源的弹性分配，使IT资源分配更加灵活、方便，能够弹性地满足多样化的应用需求。

1. 虚拟化的定义

虚拟化是一种资源管理技术，是将计算机的各种实体资源（CPU、内存、磁盘空间、网络适配器等）予以抽象、转换后呈现出来并可供分割、组合为一个或多个电脑配置环境，如图2-1所示。它是一种可以简化管理、优化资源的解决方案。所有的资源都透明地运行在各种各样的物理平台上，资源的管理都按逻辑方式进行，虚拟化技术可以完全实现资源的自动化分配。

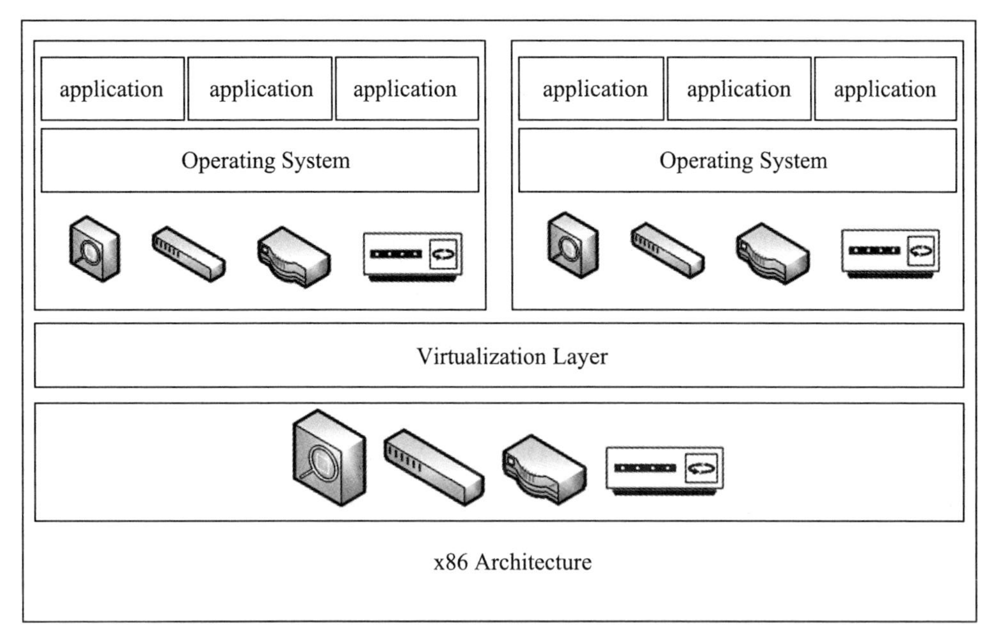

图2-1　虚拟化结构

虚拟化的目的是快速部署IT系统，提升系统性能和可用性，实现运维自动化，同时降低拥有成本和运维成本。虚拟化为运行的程序或软件营造它们所需要的执行环境。采用虚拟化技术后，程序或软件可以运行在完全相同的物理计算资源中，不再独享底层的物理计算资源，且完全不会影响计算机的底层结构。虚拟化的消费者可以是最终用户、应用程序、操作系统、访问资源或与资源交互相关的其他服务。虚拟化是云计算的基础，使得用户可以在一台物理服务器上运行多台虚拟机。虚拟机共享物理机的中央处理器（Central Processing Unit，CPU）、内存、输入/输出（Input/Output，I/O）硬件资源，但在逻辑上是相互隔离的。基础设施即服务（Infrastructure as a Service，IaaS）可实现底层资源虚拟化。

2. 虚拟化分类

虚拟化可分为平台虚拟化、资源虚拟化、应用程序虚拟化、存储虚拟化和网络虚拟化等。

（1）平台虚拟化（Platform Virtualization），是针对计算机和操作系统进行的虚拟化，又分为服务器虚拟化和桌面虚拟化。

① 服务器虚拟化：是一种通过区分资源的优先次序，将服务器资源分配给最需要它们的工作负载的虚拟化模式，它通过减少为单个工作负载峰值而储备的资源来简化管理和提高效率，如微软公司的Hyper-V、Citrix公司的XenServer、VMware公司的ESXi等。

② 桌面虚拟化：是指对计算机的终端系统（也称桌面）进行虚拟化，可以使用户利用任何设备，在任何地点、任何时间通过网络访问属于个人的桌面系统，是一种为提高人对计算机的操控力、降低计算机使用的复杂性、为用户提供更加方便适用的使用环境的虚拟化模式，如微软公司的Remote Desktop Services、Citrix公司的XenDesktop、VMware公司的View。

（2）资源虚拟化（Resource Virtualization），是针对特定的计算资源进行的虚拟化。例如，网络资源虚拟化的典型应用是网格计算。网格计算通过使用虚拟化技术来管理网络上的数据，并在逻辑上将其作为一个系统呈现给用户。它动态地提供符合用户和应用程序需求的资源，同时提供对基础设施的共享和访问的简化。当前，有些研究人员提出了利用软件代理技术来实现计算网络空间资源虚拟化的设想。

（3）应用程序虚拟化（Application Virtualization），应用程序虚拟化是一种对软件进行管理的新方式，打破应用程序、操作系统和托管操作系统的硬件之间的联系。应用程序虚拟化运用虚拟软件包来放置应用程序和数据，而不需要传统的安装流程。应用程序包可以被瞬间激活或失效，以及恢复默认设置，从而降低了干扰其他应用程序的风险，因为它们只运行在自己的计算空间内。例如：Java虚拟机是典型的虚拟化应用程序。

（4）存储虚拟化（Storage Virtualization），是指将具体的存储设备或存储系统同服务器操作系统分隔开来，为存储用户提供统一的虚拟存储池。它是具体存储设备或存储系统的抽象，将展示给用户一个逻辑视图，同时将应用程序及用户所需要的数据存储操作和具体的存储控制分离。

存储虚拟化可在存储设备上加入一个逻辑层，管理员通过逻辑层访问或者调整存储资源，提高存储资源利用率。这样便于集中存储设备，可以提高易用性。存储虚拟化包括基于主机的存储虚拟化、基于存储设备的存储虚拟化。

（5）网络虚拟化（Network Virtualization），是指将以前基于硬件的网络转变为基于软件的网络。与所有形式的虚拟化一样，网络虚拟化的基本目标是在硬件和利用该硬件的活动之间引入一个抽象层。网络虚拟化允许独立于硬件来交付网络功能、硬件资源和软件资源，即虚拟网络。网络虚拟化以软件的形式完整再现物理网络，应用程序在虚拟网络上的运行情况与在物理网络上完全相同，网络虚拟化向已连接的工作负载提供逻辑网络连接设备和服务，如逻辑端口、交换机、路由器、防火墙、虚拟专用网（Virtual Private Network，VPN）等。它可以用来合并许多物理网络，或者将网络进一步细分，又或者将虚拟机连接起来。借助虚拟网络可以优化数字服务提供商使用服务器资源的方式，使它们能够使用标准服务器来执行以前必须由昂贵的专有硬件才能执行的功能，并提高其网络的速度、灵活性和可靠性。虚拟网络不仅可以提供与物理网络相同的功能特性和保证，还具备虚拟化所具有的运维优势和硬件独立性。

3. 全虚拟化与半虚拟化

根据虚拟化实现技术的不同，虚拟化可分为全虚拟化和半虚拟化两种。其中，全虚拟化产品将是未来虚拟化产品的主流。

（1）全虚拟化（Full Virtualization），也称为原始虚拟化技术。用全虚拟化模拟的虚拟机的操作系统与底层的硬件完全隔离。虚拟机中所有的硬件资源都通过虚拟化软件来模拟，包括处理器、内存和外部设备，支持运行任何理论上可在真实物理平台上运行的操作系统，为虚拟机的配置提供了较大的灵活性。在客户机操作系统看来，完全虚拟化的虚拟平台和物理平台是一样的，客户机操作系统察觉不到程序是运行在一个虚拟平台上的。这样的虚拟平台可以运行现有的操作系统，无须对操作系统进行任何修改，因此这种方式被称为全虚拟化。全虚拟化的运行速度要快于硬件模拟的运行速度，但是在性能方面不如裸机，因为Hypervisor（虚拟机监视器，一种运行在物理服务器和操作系统之间的中间层软件，可以允许多个操作系统和应用共享一套基础物理硬件）需要占用一些资源。

（2）半虚拟化（Para Virtualization），是一种类似于全虚拟化的技术。需要修改虚拟机中的操作系统来集成一些虚拟化方面的代码，以减小虚拟化软件的负载。半虚拟化模拟出来的虚拟机整体性能会更好一些，因为修改后的虚拟机操作系统承载了部分虚拟化软件的工作。其不足之处是，由于要修改虚拟机的操作系统，用户会感知到使用的环境是虚拟化环境，而且兼容性比较差，用户使用起来比较麻烦，需要获得集成虚拟化代码的操作系统。

2.1.2　云计算技术

云计算是继20世纪80年代大型计算机到客户端-服务器的转变之后的又一次巨变。它是分布式计算、并行计算、效用计算、网络存储、虚拟化、负载均衡、热备份冗余等传统计算机和网络技术发展融合的产物。

1. 云计算的定义

云计算（Cloud Computing）是分布式计算的一种，它将计算任务分布在大量计算机构成的资源池上，使各种应用系统能够根据需要获取计算力、存储空间和信息服务。它通过网络“云”将巨大的数据计算处理程序分解成无数个小程序，然后通过多部服务器组成的系统进行处理和分析这些小程序，得到结果并返回给用户。云计算是一种动态的、易扩展的且通常是通过互联网提供虚拟化的资源计算方式，用户不需要了解云内部的细节，也不必具有云内部的专业知识或直接控制基础设施。

2. 云计算的组成

云计算的组成通常可以分为6部分，分别是云基础设施、云存储、云平台、云应用、云服务和云客户端。

（1）云基础设施：主要指IaaS，包括计算机基础设施（如计算、网络等）和虚拟化的平台环境等。

（2）云存储：即将数据存储作为一项服务（类似数据库的服务），通常以使用的存储量为结算基础。它既可交付作为云计算服务，又可以交付给单纯的数据存储服务。

（3）云平台：主要指PaaS，即将直接提供计算平台和解决方案作为服务，以方便应用程序部署，从而帮助用户节省购买和管理底层硬件和软件的成本。

（4）云应用：最终用户利用云软件架构获得软件服务，用户不再需要在自己的计算机上安装和运行该应用程序，从而减轻软件部署、维护和售后支持的负担。

（5）云服务：主要指SaaS，云架构中的硬件、软件等各类资源都通过服务的形式提供。

（6）云客户端：主要指为使用云服务的硬件设备（台式机、笔记本电脑、手机、平板电脑等）和软件系统（如浏览器等）。

3. 云和端的概念

云计算将计算任务分布在大量计算机构成的资源池上，使各种应用系统能够根据需要获取计算力、存储空间和各种软件服务，这种资源池称为“云”。“云”是一些可以自我维护和管理的虚拟计算资源，通常为一些大型服务器集群，包括计算服务器、存储服务器、宽带资源等。云计算将所有的计算资源集中起来，并由软件实现自动管理，无需人为参与。之所以称为“云”，是因为它在某些方面具有现实中云的特征：云一般都较大；云的规模可以动态伸缩，它的边界是模糊的；云在空中飘忽不定，你无法也无需确定它的具体位置，但它确实存在于某处。

“端”指的是用户终端，可以是个人计算机、智能终端、手机等任何可以连入互联网的设备。

云计算的一个核心理念就是通过不断提高“云”的处理能力，进而减少用户“端”的处理负担，最终使用户“端”简化成一个单纯的输入输出设备，并能按需享受“云”的强大计算处理能力。

2.1.3 大数据技术

近年来，随着信息技术的发展，人们开始越来越频繁地使用“大数据”一词，用以描述和定义信息爆炸时代所产生的海量数据。

1. 大数据的定义

大数据指的是以容量大、类型多、存取速度快、应用价值高为主要特征的数据集合，最早应用于IT行业，目前正快速发展为对数量巨大、来源分散、格式多样的数据进行采集、存储和关联分析，从中发现新知识、创造新价值、提升新能力的新一代信息技术和服务业态。大数据必须采用分布式架构，对海量数据进行分布式数据挖掘，因此必须依托云计算的分布式处理、分布式数据库和云存储、虚拟化技术。大数据的大小是相对的，并没有明确的界限。例如，单一数据集的大小从数TB不断增至数十PB不等；在不同行业中，大数据的范围可以从几TB到几PB。大数据不只是大，且数据集规模已经超过了传统数据库软件获取、存储、分析和管理能力。

2. 大数据的数据源

大数据的来源众多，科学研究、企业应用和Web应用等都在源源不断地生成新的数据。生物大数据、交通大数据、医疗大数据、电信大数据、金融大数据等都呈现出“井喷式”增长，大数据的类型丰富多彩。例如在电信系统领域，运营商拥有的包括用户上网记录、通话、信息、地理位置等的数据量都在10 PB以上，年度用户数据增长数十PB；在金融与保险系统领域，其中包括开户信息数据、银行网点和在线交易数据、自身运营的数据等，金融系统每年产生数据达数十PB，保险系统数据量也接近PB级别；在电力与石化系统领域：仅国家电网采集获得的数据总量就达到10 PB级别，石化行业、智能水表等每年产生和保存下来的数据量也达数十PB；在公共安全领域，在北京就有50万个监控摄像头，每天采集视频数量约为3 PB，整个视频监控每年保存下来的数据在数百PB以上。

3. 大数据的处理过程

大数据处理是指对海量、复杂、多样化的数据进行收集、存储、处理和分析的过程，挖掘获得有价值的信息。大数据的处理过程包括以下几个主要步骤：

（1）数据收集：数据收集是大数据处理的第一步。可以通过多种方式进行，如传感器、网页抓取、日志记录等。数据来源包括传感器、社交媒体、电子邮件、数据库等。

（2）数据存储：数据存储是数据流在加工过程中产生的临时文件或加工

过程中需要查找的信息。数据以某种格式记录在计算机内部或外部存储介质上。数据存储要命名，这种命名要反映信息特征的组成含义。数据流反映了系统中流动的数据，表现出动态数据的特征；数据存储反映系统中静止的数据，表现出静态数据的特征。

（3）数据清洗和预处理：收集到的数据可能包含噪声、缺失值和异常值。在进行分析之前，需要对数据进行清洗和预处理，以确保数据的质量和准确性，包括数据去重、去噪、填充缺失值等。

（4）数据集成和转换：大数据通常来自不同的数据源，这些数据源可能具有不同的格式和结构。在进行分析之前，需要对数据进行集成和转换，以确保数据的一致性和可用性，涉及数据合并、数据转换、数据规范化等。

（5）数据分析：数据分析是大数据处理的核心步骤，包括使用各种技术和工具对数据进行统计分析、数据挖掘、机器学习等，以发现数据中的模式、关联和趋势。数据分析的目标是提取有价值的信息和知识，以支持业务决策和行动。

（6）数据可视化：数据可视化是将分析结果以图表、图形、地图等形式展示出来，以便用户更直观地理解和利用数据。数据可视化可以帮助用户发现数据中的模式和趋势，以及进行更深入的分析和洞察。

2.1.4　区块链技术

区块链是一种分布式数据库技术，它以块的形式记录和存储交易数据，并使用密码学算法保证数据的安全性和不可篡改性。每个块都包含了前一个块的哈希值和自身的交易数据，形成了一个不断增长的链条。

1. 区块链的概念

区块链技术是利用块链式数据结构来验证和存储数据、利用分布式节点共识算法来生成和更新数据、利用密码学的方式来保证数据传输和访问的安全、利用由自动化脚本代码组成的智能合约来编程和操作数据的一种全新的分布式基础架构与计算范式。区块链是分布式数据存储、点对点传输、共识机制、加密算法等计算机技术的新型应用模式。

理解区块链需要理解以下几个基本概念：

（1）交易（Transaction）。交易是指一次操作，导致账本状态的一次改变，如添加一条记录

（2）区块（Block）。区块记录一段时间内发生的交易和状态结果，是对当前账本状态的一次共识。

（3）链（Chain）。链由一个个区块按照发生顺序串联而成，是整个状态变化的日志记录。

如果把区块链作为一个状态机，则每次交易就是试图改变一次状态，而每次共识生成的区块，就是参与者对于区块中所有交易内容导致状态改变的结果进行确认。

2. 区块链的要素

去中心化、共识算法、智能合约是区块链技术需具备的三要素。

（1）去中心化。区块链本质上是一个去中心化的分布式账本数据库。传统数据库集中部署在同一集群内，由单一机构管理和维护，区块链则是去中心化的，由多方参与者共同管理和维护，每个参与者都可提供节点并存储链上的数据，从而实现完全分布式的多方间信息共享。

（2）共识算法。在区块链中各个参与节点都有平等的记录数据的权力。为了保证数据的正确性，使得所有节点对数据达成一致并防止恶意节点提交假数据，这就需要共识机制。通俗来说，共识就是大家通过协商达成一致，在中心化架构里面，存在一个权威，其他人都听他的。但是由于区块链是去中心化的机制，如何让每个节点通过一个规则将各自的数据保持一致是一个很核心的问题，这个问题的解决方案就是制定一套共识算法，实现不同账本节点上的账本数据的一致性和正确性。共识机制有两个作用：一是对数据进行验证，保证数据的正确性；二是通过共识机制筛选出一个节点来向链上写入数据。目前常见区块链共识机制有POW、POS、DPOS、PBFT等。

（3）智能合约。智能合约是区块链的核心构成要素，是由事件驱动的、具有状态的、运行在可复制的共享区块链数据账本上的计算机程序，能够实现主动或被动的处理数据，接受、储存和发送价值，以及控制和管理各类链

上智能资产等功能。智能合约就是把生活中的合约数字化，当满足一定条件后，由程序自动执行的技术。人类生活中处处充满着合约，但是由于种种原因可能会出现无法履约的情况。如果把约定通过代码的形式，录入到区块链中，一旦触发约定时的条件，就会有程序来自动执行，就会避免以上情况的发生，这就是智能合约。

3. 区块链的类型

区块链按照开放程度，通常分为公有链、私有链和联盟链，如图2-2所示。

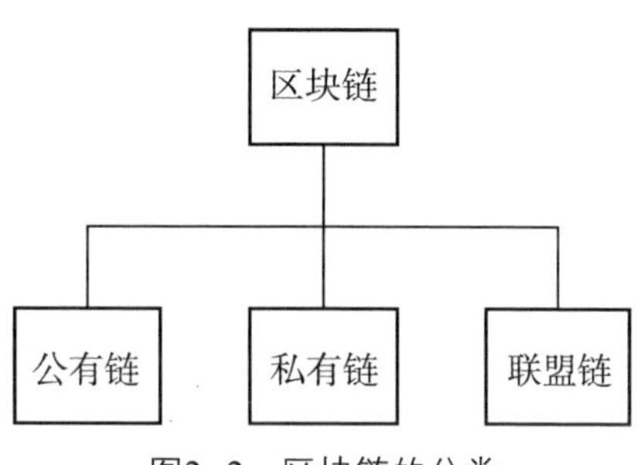

图2-2 区块链的分类

（1）公有链

公有链是指全世界任何人都可以随时进入到系统中读取数据、发送可确认交易、竞争记账的区块链，通过密码技术和POW、POS等共识机制来维护整个链的安全。公有链通常被认为是“完全去中心化”的，因为没有任何个人或者机构可以控制或篡改其中数据的读写。公有链一般会通过代币机制来鼓励参与者竞争记账，以确保数据的安全性。公有链的所有数据默认公开、交易速度低，比特币、以太坊都是典型的公有链。

（2）私有链

私有链与公有链相反，仅限于企业、国家机构或者个体内部使用。私有链写入权限由某个组织和机构控制，参与节点的资格会被严格限制。由于参与节点是有限的和可控的，因此私有链往往可以有极快的交易速度、更好的隐私保护、更低的交易成本，不容易被恶意攻击，并且能满足身份认证等金融行业必需的要求，蚂蚁金服是典型的私有链。

（3）联盟链

联盟链介于公有链和私有链之间，内部所用的公共账本、数据由联盟内部成员共同维护，只对组织内部成员开放，需要注册许可才能访问。联盟链有若干个机构共同参与管理的区块链，每个机构都运行着一个或者多个节点，其中的数据只允许系统内不同的机构进读写和发送交易，并且共同来记录交易数据。从使用对象来看，联盟链仅限于联盟成员参与，联盟规模可以大到国与国之间，也可以是不同的机构企业之间。它的去中心化程度适中，甚至可以说是多中心化的，在效率方面比公有链强，比私有链弱。用现实来类比，联盟链就像各种商会联盟，只有组织内的成员才可以共享利益和资源，区块链技术的应用只是为了让联盟成员间彼此更加信任。联盟链往往采取指定节点计算的方式，且记账节点数量相对较少。联盟链运行和维护成本低、交易速度快、扩展性好并能更好地保护隐私，Fabric、FISCO BCOS都是典型的联盟链。

4. 区块链的应用

随着区块链技术的日益成熟，区块链应用已从单一数字货币领域扩展到社会各个领域，基本构筑了“区块链+”的应用生态。目前涉及最多的应用场景有：供应链、知识产权、电子政务、智慧城市、科技金融、农业溯源、司法存证、票据积分、财务审计等，如图2-3所示。

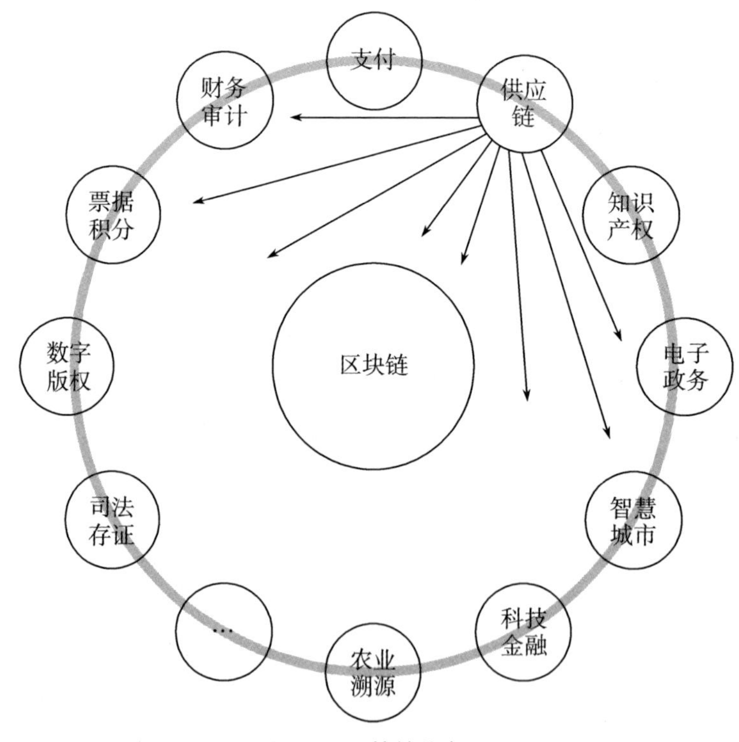

图2-3　区块链的应用

（1）供应链。区块链保证了数据透明度与保密性，用链上数据不可篡改的性质实现物流追踪，避免物流出错。同时区块链能够实现从寄件、收件、始发、终点、派件及签收的全流程区块链化，最终实现货物和资金可追溯。这不仅能够保证包裹传递过程的公开透明，也能够提高包裹传输信息的可追溯性。

（2）知识产权。区块链技术的核心技术特征在知识产权保护结构性问题上所提供的思路和尝试，尤为值得我们进一步关注。区块链去中心化、成本低廉有利于降低版权保护的管理成本；难以篡改、透明性强有利于解决版权登记及举证难题；扩展性大、灵活性强有利于满足数字版权的交易需求；商业模式的创新、支付意愿的增强，有利于培养网民的版权意识。例如2019年11月27日，央行和成都市政府共同成立的基于区块链技术的知识产权的融资服务平台，包含准入管理、评估管理、运营监管、融资管理等功能，就利用了区块链为知识产权交易各方创建一个可信任的交易环境，为知识产权的保护提供了新的方向。

（3）电子政务。对政府部门、系统、用户等信息进行可信“数字身份”绑定，真正实现跨部门跨机构的数据可信服务；在办事过程中完整记录事项办理过程、材料、审批记录等各种行为，用户一次授权无需反复提交材料，部门机构也无需反复调用和核验，事项办理全程可以溯源并实现政府有效监管，真正达到“一网通办”的政务区块链解决方案，让市民办事更方便，让区块链技术更简明实用，让区块链在各级政府快速推广和应用。

（4）智慧城市。智慧城市基于人、技术和组织，并且它们之间可以存在服务关系。技术的基础是利用信息通信技术以相关的方式改变城市的生活和工作。与此相关的概念包括数字城市、虚拟城市、信息城市、有线城市、无处不在的城市和智慧城市。人员的基础是人、教育、学习和知识，与之相关的概念包括学习城市和知识城市。组织的基础是治理和政策，因为利益相关者和机构政府之间的合作对于设计和实施智慧城市计划非常重要，与之相关的概念包括智能社区、可持续城市和绿色城市。

（5）科技金融。区块链技术具有不可篡改、去中心化、去信任化、可追溯、可编程智能合约等显著特点，这些特点可以很好地解决当前金融领域存在的部分痛点。在金融活动中相关方可以将各自相关的数据上传至某个特定类型区块链上，从而实现信息分享，避免信息孤岛问题，也可以减少金融机构搜索数据以及分析数据的成本；区块链技术的不可篡改性、可追溯性可以有效防止金融交易数据被篡改，使得交易数据的真实性、可靠性得到保障，同时交易的双方在很多时候不必借助第三方来完成数据真实性的验证工作，提高了交易效率；区块链智能合约可以根据事先约定的条件来实现业务的自动执行，在一定程度上解决了金融履约风险问题。目前区块链在金融方面的应用已经囊括银行、证券、保险、基金等各个领域，主要涉及征信、信用证、资产证券化、供应链金融、清结算、资产托管、金融监管、审计、票据、保险、贸易金融等方面。

（6）农业溯源。区块链技术能够在农产品追溯、农业生产过程管控、农业金融和农业保险等领域起到重要作用，依靠去中心化、数据不可篡改等特点，提升农业生产管理水平，保障农产品质量安全，构建良好的社会诚信体系，培育名特优新农产品品牌，打造农业信息化标准规范，并将诚信、安全、健康等理念深入传递到每一个农业从业者，共同推动我国现代农业健康发展。

2.1.5 人工智能技术

人工智能（Artificial Intelligence，AI）正逐渐成为当今科技领域的热门话题。作为一种能够模拟人类智能的技术，旨在让计算机具有自主学习、推理、理解语言、感知和解决问题等类似人类的能力。它通过计算机程序和算法来实现这些智能行为，可以广泛应用于医疗、金融、制造业等多个领域。

1. 人工智能的概念

人工智能是计算机科学的一个分支，是研究和开发用于模拟、延伸和扩展人的智能的理论、方法、技术及应用系统的一门技术科学。涉及“人工”和“智能”，人工可以表达为系统内的个体根据人为的、预先编排好的规则或计划好的方向运作，以实现或完成系统内各个体不能单独实现的功能、性能与结果。“智能”是个体有目的的行动、合理的思考以及有效地适应环境的综合性能力，即个体认识客观事物和运用知识解决问题的能力。

人工智能涉及计算机科学、数学、认知科学、哲学、心理学、信息论、控制论、社会结构学等众多学科内容。

2. 人工智能的三种形态

人工智能可以分为三种形态：弱人工智能、强人工智能、超人工智能。

（1）弱人工智能。弱人工智能只专注于完成某个特定的任务，不能制造出真正地推理和解决问题的智能机器，这些机器只不过看起来像是智能的，但是并不真正拥有智能，也不会有自主意识，只是经过AI训练并专注于执行特定任务，是擅长单个方面的人工智能，类似高级仿生学。弱人工智能应用范围非常广泛，但因为比较“弱”，因此很多人没有意识到它们就是人工智能，如手机的自动拦截骚扰电话、邮箱的自动过滤，以及机器人下围棋等，都属于弱人工智能的应用。

（2）强人工智能。强人工智能是指一种能够像人一样思考、学习和决策的人工智能系统。强人工智能有真正推理和解决问题的能力，具备强人工智能的机器被认为是有知觉的、有自我意识的。与目前的人工智能系统相比，强人工智能具有更高的智能水平和更广泛的应用范围。强人工智能分为类人与非类人两大类，前者指的是机器的思考和推理类似人类，后者指的是机器产生了和人完全不一样的知觉和意识，使用和人完全不一样的推理方式。强人工智能不仅在哲学上存在争议，在技术上也具有极大的挑战性。

（3）超人工智能。超人工智能是指计算和思维能力已经远超人脑，此时的人工智能已经不是人类可以理解和想象的，人工智能将打破人脑受到的维度限制，其所观察和思考的内容可能人脑已经无法理解。当前，人类已经在弱人工智能领域取得巨大突破。人工智能未来的目标是研究如何使现有的计算机更聪明，使它能够运用知识去处理问题，能够模拟人类的智能行为。

3. 人工智能在计算机网络中的应用

人工智能在网络中的应用主要包括AI加速、智能运维和网络优化三部分。

（1）AI加速。AI加速是指利用人工智能技术来提高计算机网络的运行速度和性能。在传统网络中，处理复杂任务需要大量的计算资源和时间，而AI加速技术可以通过优化算法、并行计算、硬件加速等手段，提高系统的运行速度和性能，在机器学习、自然语言处理和计算机视觉等领域具有广泛的应用。

（2）智能运维。传统的运维方式在监控、问题发现、告警以及故障处理等各个环节均存在明显不足，需要大量依赖人的经验，工作效率低下，并且在数据采集、异常诊断分析、告警事件以及故障处理的效率等方面都有待提高。人工智能结合大数据分析技术，可以在智能监控、智能问题发现和预警、智能故障处理等方面最小化人为干预程度、降低人力成本以及提高运维管理效能。智能运维的闭环工作流程，如图2-4所示。

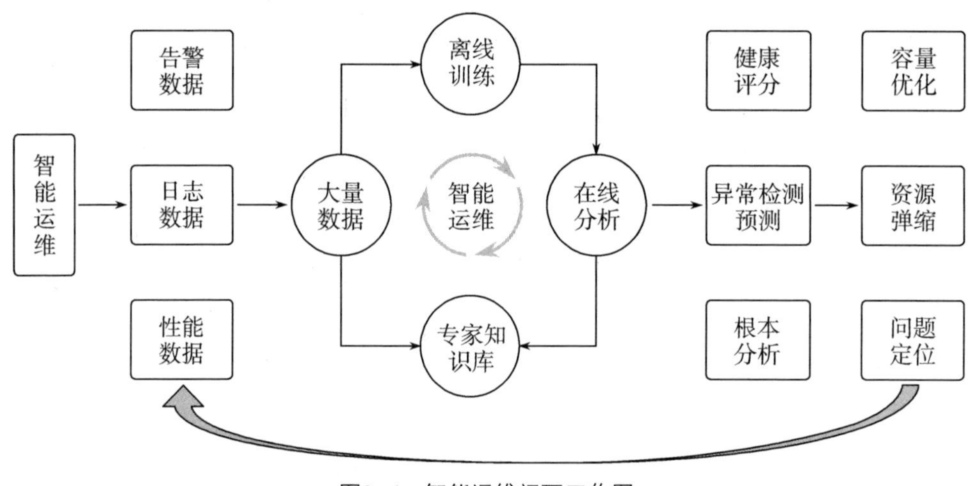

图2-4　智能运维闭环工作图

（3）网络优化。利用人工智能技术，可以更加精细化地管理网络流量，避免网络拥堵，优化网络资源的利用率。网络结构优化是对已有网络结构进行改进和调整以提高性能的一种方法，可以通过调整网络的连接权重、参数、激活函数等方式来实现。常用的网络结构优化方法是梯度下降算法，通过计算目标函数对网络参数的梯度来调整参数值，从而降低损失函数的值。除了梯度下降算法，遗传算法也常被用于网络结构优化中。遗传算法通过模拟生物进化的过程和选择、交叉、变异等操作来调整网络结构参数，以找到最佳解。遗传算法具有较好的全局搜索能力，可以在大规模网络中搜索到全局最优解。

总之，随着人工智能在计算机网络方面应用的深入，不论是网络加速、网络运维、网络优化都更加智能化，通过优化网络资源，提高网络运行效率，使网络性能得到最佳优化。

2.2　通信技术

通信技术（Communications technology，简称CT），是通信过程中信息传输和信号处理所涉及的各方面技术的集合。现代通信一般是指利用有线、无线电磁系统或者光电系统，传送、发射或者接收语音、文字、数据、图像以及其他任何形式信息的活动。通信技术拉近了人与人之间的距离，提高了经济的效率，改变了人类的生活方式和社会面貌。

2.2.1　广域网传输技术

广域网WAN（Wide Area Network）也叫远程网RCN（Remote Computer Network），它的作用范围最大，一般可以从几十千米至几万千米。一个国家或国际间建立的网络都是广域网。最常见的广域网传输技术是同步数字体系SDH（Synchronous Digital Hierarchy）。

1. SDH简介

根据ITU-T的建议定义，SDH是为不同速率的数字信号的传输提供相应等级的信息结构，包括复用方法和映射方法，以及相关的同步方法组成的一个技术体制。按照这种传输原理制作的设备被称为SDH设备，该设备的传输速率分别为155 M、622 M、2.5 G、10 G和40 G。

在宽带光纤接入网技术中，SDH技术的应用最普遍。SDH的诞生解决了由于入户媒质的带宽限制跟不上骨干网和用户业务需求的发展而产生的用户与核心网之间的接入“瓶颈”问题，同时提高了传输网上带宽的利用率。在接入网中，应用SDH技术可以将核心网中的巨大带宽优势和技术优势带入接入网领域。SDH传输网是由SDH网络单元组成，在光纤、微波或卫星上进行同步信息传送，融合接入、传输、交换功能于一体，统一网络管理操作的综合信息网。

2. SDH的基本构成

SDH采用的信息结构等级称为同步传送模块STM-N（Synchronous Transport Mode，N=1，4，16，64），最基本的模块为STM-1，四个STM-1同步复用构成STM-4，16个STM-1或四个STM-4同步复用构成STM-16，四个STM-16同步复用构成STM-64。

SDH采用块状的帧结构来承载信息，SDH帧结构如图2-5所示。

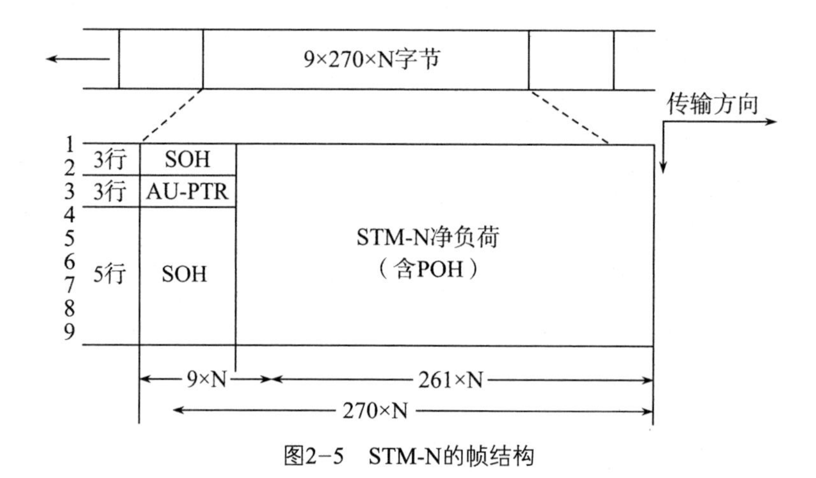

图2-5 STM-N的帧结构

每帧由纵向9行和横向270×N列字节组成，整个帧结构由段开销（Section OverHead，SOH）区、STM-N净负荷区和管理单元指针（AU PTR）区三个区域组成，其中，段开销区主要用于网络的运行、管理、维护及指配，以保证信息能够正常灵活地传送，分为再生段开销（Regenerator Section OverHead，RSOH）和复用段开销（Multiplex Section OverHead，MSOH）；净负荷区用于存放承载信息业务的字节和少量的用于通道维护管理的通道开销字节；管理单元指针用来指示净负荷区内的信息首字节在STM-N帧内的准确位置，以便接收时能正确分离净负荷。SDH的帧传输时，按由左到右、由上到下的顺序排成串型码流依次传输，每帧传输时间为

125 μs，每秒传输1/125×1000000帧，对STM-1而言，每帧的比特数为8 bit×（9×270×1）=19440 bit，STM-1的传输速率为19440×8000=155.520 Mbit/s；STM-4的传输速率为4×155.520 Mbit/s=622.080 Mbit/s；STM-16的传输速率为16×155.520=2488.320 Mbit/s。

3. SDH的特点主要体现在以下几个方面：

（1）横向兼容好。SDH传输系统在国际上有统一的帧结构数字传输标准速率和标准的光路接口，使网管系统互通，因此有很好的横向兼容性，它能与已有的PDH完全兼容，并容纳各种新的业务信号，形成了全球统一的数字传输体制标准，提高了网络的可靠性。

（2）网络灵活可靠。SDH有多种网络拓扑结构，它所组成的网络非常灵活，能增强网监、运行管理和自动配置功能，优化了网络性能，同时也使网络运行安全、可靠，使网络的功能非常齐全和多样化。

（3）生存率高。SDH采用了较先进的分插复用器（ADM）、数字交叉连接（DXC）、网络的自愈功能和重组功能就显得非常强大，具有较高的生存率。

（4）不专属于某种传输介质。SDH不专属于某种传输介质，它可用于双绞线、同轴电缆，但SDH用于传输高数据率则需用光纤。SDH既适合用作干线通道，也可作支线通道。

（5）便于复用和调整。SDH是严格同步的，从而保证了整个网络稳定可靠，误码少，且便于复用和调整。

（6）联网成本低。标准的开放型光接口可以在基本光缆段上实现横向兼容，降低了联网成本。

2.2.2 局域网传输技术

局域网传输技术是指在局域网中使用的数据传输技术。局域网是一种将分散在一个局部地理范围的多台计算机通过传输媒体连接起来的通信网络，具有网络覆盖区域相对较小、传输速率高、误码率低等特点。局域网的传输介质可以是双绞线、光纤和无线传输介质等。

1. 千兆以太网

（1）千兆以太网简介。数据传输率达1000 Mbit/s的以太网称为千兆以太网、吉比特以太网（1 Gbit/s）。局域网从10 M开始，经历几多变迁，发展到现在的千兆以太网。千兆以太网以高效、高速、高性能为特点，已经广泛应用在金融、商业、教育、政府机关及厂矿企业等行业。

（2）千兆以太网的发展优势。千兆以太网是一种高速局域网，它可以提供1 Gb/s的通信带宽，采用和传统10/100 M以太网同样的CSMA/CD协议、帧格式和帧长，因此可以实现在原有低速以太网基础上平滑、连续性的网络升级，从而能最大限度地保护用户以前的投资。随着越来越多的台式机和工作组向快速以太网升级，网络骨干部分的集中业务将大幅度增长。为了处理这种业务，所有新型骨干交换机应支持千兆以太网上行链路。骨干网部分的千兆以太网交换机可用来连接服务器，以及网段交换机。如果说千兆以太网的光纤网连接方式，解决了楼宇之间的高速连接，那么1000 Base-T千兆以太网技术，就是用来解决楼层之间甚至办公室之间的高速连接。

2. 万兆以太网

（1）万兆以太网简介。10 Gbit/s以太网又称为万兆以太网。1999年3月，IEEE成立了高速研究组，从事10 Gbit/s以太网的研究。10 Gbit/s以太网的标准由IEEE 802.3ae委员会制定，使用光纤的万兆以太网标准IEEE 802.3ae已在2002年6月完成。由于10 Gbit/s以太网的出现，以太网的工作范围已经从局域网扩大到城域网和广域网。

（2）万兆以太网特点。10 Gbit/s以太网具有如下特点：

① 兼容以太网帧。10 Gbit/s以太网兼容了10 Mbit/s、100 Mbit/s和1 Gbit/s以太网。10 Gbit/s以太网还保留了802.3标准规定的最小帧长、最大帧长。用户对以太网进行升级时，10 Gbit/s以太网能与低速率以太网无缝连接通信。

② 全双工方式。万兆以太网只工作在全双工方式，不再执行CSMA/CD争用协议。这就使得10 Gbit/s以太网的传输距离不再受碰撞检测域的通信距离的限制。

③ 使用局域网物理层。使用局域网物理层可以用于星形结构的局域网，

其链路是点对点链路，10 Gbit/s以太网数据率非常高，不直接相连到桌面计算机。

④ 使用广域网物理层。使用广域网物理层可以用于城域网、广域网通信。

3. 工业以太网

随着以太网技术的成熟，其软硬件成本不断降低，而且其高传输速率、技术开放透明、标准统一等优势非常显著。以太网进入了工业控制领域，形成了新型的工业以太网技术，逐渐取代了工业现场总线。

（1）工业以太网简介。工业以太网是一种针对工业控制系统应用的以太网技术，它是以太网技术在工业领域的应用。它采用标准化的物理层、数据链路层和网络层协议，可以实现高速、可靠、实时的数据传输和通信，适用于工业自动化、过程控制、机器人控制、智能制造等领域。相较于传统的工业通信协议，工业以太网具有更高的数据传输速度、更强的互联性和可扩展性，可以将不同类型的设备和系统连接在同一网络中，提高生产效率和管理水平。

（2）工业以太网的特点。工业以太网技术具有价格低廉、稳定可靠、通信速率高、软硬件产品丰富、应用广泛以及支持技术成熟等优点，已成为最受欢迎的通信网络之一。近些年来，随着网络技术的发展，以太网进入了控制领域，形成了新型的以太网控制网络技术。这主要是由于工业自动化系统向分布化、智能化控制方面发展，开放的、透明的通讯协议是必然的要求。以太网技术引入工业控制领域，其技术优势非常明显：

① 以太网是全开放、全数字化的网络，遵照网络协议，不同厂商的设备可以很容易实现互联。

② 以太网能实现工业控制网络与企业信息网络的无缝连接，形成企业级管控一体化的全开放网络。

③ 软硬件成本低廉。由于以太网技术已经非常成熟，支持以太网的软硬件受到厂商的高度重视和广泛支持，有多种软件开发环境和硬件设备供用户选择。

④ 通信速率高。随着企业信息系统规模的扩大和复杂程度的提高，对信

息量的需求也越来越大，有时甚至需要音频、视频数据的传输。

⑤ 可持续发展潜力大。在这信息瞬息万变的时代，企业的生存与发展将很大程度上依赖于一个快速而有效的通信管理网络，信息技术与通信技术的发展将更加迅速，也更加成熟，由此保证了以太网技术不断地持续向前发展。

2.2.3 物联网通信技术

物联网通信技术是指通过各种不同的通信技术和协议，实现物联网设备之间的信息传输和数据交换。这些通信技术包括有线通信和无线通信两种方式。有线通信技术包括以太网等。无线通信技术则包括WiFi、蜂窝移动通信、NB-IoT、LoRa等。

1. 窄带物联网

（1）窄带物联网简介。

窄带物联网（Narrow Band Internet of Things，NB-IoT）是万物互联网络的一个重要分支，已经通过3GPP（3rd Generation Partnership Project）成为低功耗广域的标准。窄带物联网是由3GPP标准化组织定义的一种技术标准，是一种专为物联网设计的窄带射频技术。它以室内覆盖、低成本、低功耗和广连接为特点。

NB-IoT技术作为5G物联网标准体系的基础，引起了整个通信产业链的广泛关注。我国NB-IoT技术发展不断取得新的突破，离不开政策、技术与市场的驱动、扶持。在NB-IoT发展初期，我国出台多项政策支持NB-IoT的发展。

（2）窄带物联网的技术特点。

窄带物联网NB-IoT有大连接、广覆盖、深穿透、低成本和低功耗五个基本特点。

① 大连接：在同一基站的情况下，NB-IoT可以比现有无线技术提供50～100倍的接入数量，终端连接数可达200000个。

② 广覆盖：一个基站可以覆盖几千米的范围，对于农村这样广覆盖需求的区域，亦可满足。

③ 深穿透：室内穿透能力强。对于厂区、地下车库、井盖这类对深度覆

盖有要求的应用也可以适用。

④ 低成本：体现在三个方面，一是在建设期可以复用原先的设备，成本低；二是流量费低；三是终端模块成本低。

⑤ 低功耗：终端工作在低功耗模式下，终端电池工作时间可长达10年之久。

2. LoRa

（1）LoRa概述。LoRa是基于Semtech公司开发的一种低功耗局域网无线标准，其目的是为了解决功耗与传输难覆盖距离的矛盾问题。一般情况下，低功耗则传输距离近，高功耗则传输距离远，通过开发出LoRa技术，解决了在同样的功耗条件下比其他无线方式传播的距离更远的技术问题，实现了低功耗和远距离的统一。

LoRa实际上是物联网（IoT）的无线平台。Semtech的LoRa芯片组将传感器连接到云端，实现数据和分析的实时通信，从而提高效率和生产率。

（2）LoRa的发展历程。LoRa一词取自英文的Long Range两个单词的首字母Lo和Ra，代表远距离的意思。LoRa原本为一种线性调频扩频的物理层调制技术，最早由法国几位年轻人创立的一家创业公司Cycleo推出，2012年Semtech收购了这家公司，将这一调制技术实现到芯片中，并取名“LoRa”。Semtech为促进其他公司共同参与到LoRa生态中，于2015年3月联合Actility、Cisco和IBM等多家厂商共同发起创立LoRa联盟，并推出不断迭代的LoRaWAN规范，催生出一个由全球近千家厂商支持的广域组网标准体系，从而形成广泛的产业生态。与这一生态相关的技术标准、产品设计、应用案例都是由多个厂商共同参与推动的，这些也是形成目前庞大产业生态更为关键的元素。

（3）LoRa的应用。LoRa常采用星状网络，网关以星状连接终端节点，但终端节点并不绑定唯一网关，相反，终端节点的上行数据可发送给多个网关。理论上来说，用户可以通过Mesh、点对点或者星状的网络协议和架构实现灵活组网。LoRa主要在全球免费频段运行（即非授权频段），包括433 MHz、470 MHz、868 MHz、915 MHz等。LoRa WAN网络构架由终端节点、网关、网络服务器和应用服务器四部分组成，应用数据可双向传输。

LoRa是创建长距离通信连接的物理层无线调制技术，属于线性调制扩频技术（Chirp Spread Spectrum，CSS）的一种。相较于传统的FSK（Frequency-shift Keying，频移键控）技术以及其他稳定性和安全性不足的短距离射频技术，LoRa在保持低功耗的同时极大地增加了通信范围，且CSS技术数十年已经广受军事和空间通信所采用，具有传输距离远、抗干扰性强等特点。此外，LoRa技术需要企业自己建设基站，承担网络建设成本、模组及后期运维成本，初期投入较大。好处是没有后期的网络服务费及数据不进入运营网络，掌握在自己手中。

LoRa因其功耗低、传输距离远、组网灵活等诸多特性与物联网碎片化、低成本、大连接的需求十分的契合，因此被广泛部署在智慧社区、智能家居和楼宇、智能表计、智慧农业、智能物流等多个垂直行业，前景广阔。

（4）LoRa与NB-IoT的比较。

NB-IoT与LoRa各有优势，两种技术将长期共存。NB-IoT和LoRa作为LPWAN（Low-Power Wide-Area Network，低功率广域网络）领域最为常用的两种通信技术，各有其适合的应用场景。NB-IoT属于由通信运营商支撑的运营网络，终端（UE）数据通过运营商的基站直接传输到以太网，UE用户需要向通信运营商缴纳流量费。LoRa则需要自建基站以接入以太网，一般适合厂区较大、具有一定规模的企业。智能建筑、智能仪表、智能交通、自动化制造等都是NB-IoT的适用领域，LoRa只适合大厂区自建基站。简而言之，大规模的物联网应用需要NB-IoT来支撑。这两种技术在物联网低功耗远距离领域中都有着极大的优势，NB-IoT是国际标准，LoRa是私有技术，我国主要发展的物联网技术是NB-IoT。

2.2.4 标识解析技术

标识解析技术包括现有的域名系统DNS（Domain Name System）和工业互联网标识解析技术Handle标识系统。Handle系统独立且兼容DNS解析系统，DNS解析系统只面向设备解析，而Handle解析系统是面向数字对象（将互联网上所有事物、流程、服务和各类数据抽象成数字对象）的解析，使信息的管理与共享独立于主机设备和信息系统，同时Handle解析系统比DNS解析系统拥有更强大的数据管理功能及更完善的安全机制。

1. 域名系统DNS

域名系统DNS是互联网的一项服务，作为域名和IP地址相互映射的一个分布式数据库，能够使用户更方便地访问互联网，而不用去记住能够被机器直接读取的IP数串。通过主机名，最终得到该主机名对应的IP地址的过程叫做域名解析（或主机名解析）。DNS协议运行在UDP协议之上，使用端口号53。

（1）域名空间的层次结构。域名空间是指定义了所有可能的名字的集合。域名系统的名字空间是层次结构的，类似Windows的文件名。它可看作是一个树状结构，域名系统不区分树内节点和叶子节点，而统称为节点，不同节点可以使用相同的标记。所有节点的标记只能由3类字符组成：26个英文字母（a ~ z）、10个阿拉伯数字（0 ~ 9）和英文连字符（-），并且标记的长度不得超过22个字符。一个节点的域名是由从该节点到根的所有节点的标记连接组成的，中间以点分隔。域名结构图如图2-6所示，最上层节点的域名称为顶级域名（TLD，Top-Level Domain），第二层节点的域名称为二级域名，依此类推。

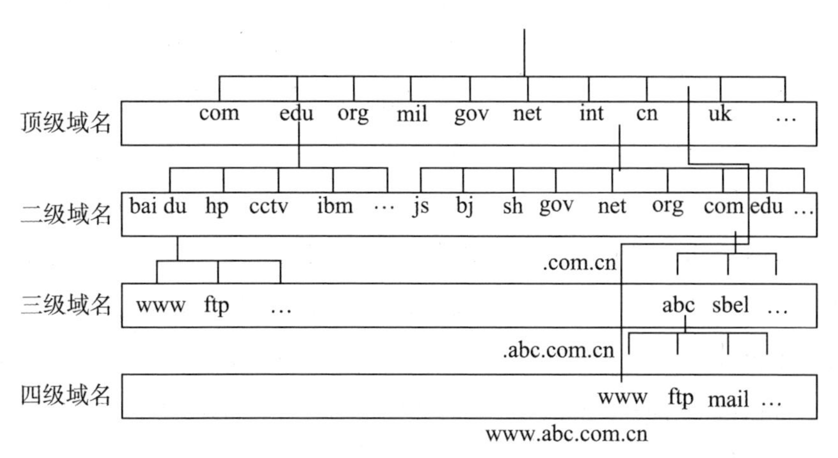

图2-6　域名结构图

（2）域名的分配和管理。域名由因特网域名与地址管理机构（ICANN，Internet Corporation for Assigned Names and Numbers）管理，这是为承担域名系统管理、IP地址分配、协议参数配置，以及主服务器系统管理等职能而设立的非营利机构。ICANN为不同的国家或地区设置了相应的顶级域名，这些域名通常都由两个英文字母组成。例如：.uk代表英国、.fr代表法国、.jp代表日本。中国的顶级域名是.cn，.cn下的域名由CNNIC进行管理。

2. Handle标识体系

工业互联网是新一代信息技术与工业经济深度融合的关键基础设施、新型应用模式和全新经济生态，通过人、机、物的全面互联，构建起覆盖全要素、全产业链、全价值链的全新制造和服务体系，为工业乃至产业数字化、网络化、智能化发展提供了实现途径，是第四次工业革命的重要基石。为实现这种全面互联，需要通过标识编码这种工业互联网中的“身份证”对物理对象和虚拟对象进行唯一识别，并借助解析系统，实现跨地域、跨行业、跨企业的数据共享共用。

（1）Handle标识简介。Handle是互联网中的标识体系，是全球范围分布式通用标识服务系统，由互联网之父Robert Kahn于1994年提出，旨在提供高效、可扩展、安全的全局标识解析服务，目前由DONA基金会负责运营、管理、维护以及协调。Handle系统在对象识别领域有着广泛的应用和独特的技术优势，能够唯一地识别物理对象并提供高效的解析服务。随着工业互联网技术的不断演进和完善，基于Handle系统的标识解析系统成为工业互联网框架中网络层的重要基础设施。该系统采用分布式系统架构进行设计，能够实现跨行业、跨异构的系统标识符创建和解析服务，已成为工业互联网重要的信息传输载体。

（2）Handle解析过程。Handle是全球通用的分布式标识服务系统，与基于DNS的标识体系不同，Handle体系解析机制采用的是双层结构，总共包含三个核心组件，分别为Handle客户端、GHR（Global Handle Registry，GHR）和LHS（Local Handle Service，LHS）组成。Handle系统中每一个注册的标识都附加有一组格式为Json的值，其具体内容可以是描述信息、消息摘要、URL，也可以是其他定制的信息。首先客户端会向GHR发送编码的前缀信息，GHR接收到前缀信息后会在本地注册表中找到相关的LHS地址信息返回给客户端，然后客户端就根据GHR返回的LHS地址信息发送标识去获取相应的结果，当LHS接收客户端发送的标识解析请求时，会查询本地数据库得到对应的详细信息，并将结果发送给发起请求的Handle客户端。Handle体系的分级解析过程如图2-7所示。

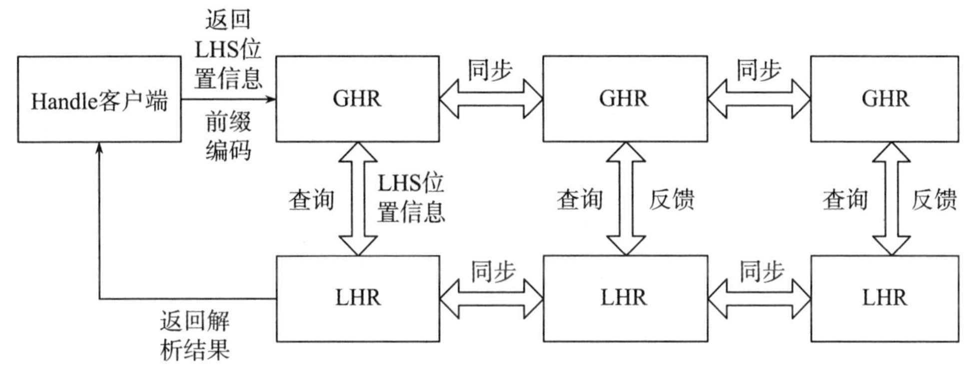

图2-7　Handle标识解析过程

（3）Handle解析在我国工业互联网中的应用。在2022年中国5G+工业互联网大会上，工业和信息化部举行工业互联网标识解析体系国家顶级节点全面建成发布仪式，标志着工业互联网标识解析体系——“东西南北中”、“5+2”国家顶级节点全面建成，如图2-8所示。“武汉、广州、重庆、上海、北京”5个国家顶级节点和“南京、成都”2个容灾备份节点先后建成上线。截至2022年11月，全国标识注册总量已突破100亿，上线二级节点达247个，涵盖33个行业，31个省级行政区，接入工业互联网标识解析体系的企业达20万家，日均解析量超过1.2亿次。在食品加工、汽车制造、装备制造、船舶制造、工程机械等行业中的应用不断深化，已形成产品追溯、供应链管理和全生命周期管理等典型应用模式，基于工业互联网降本提质增效作用逐步显现。

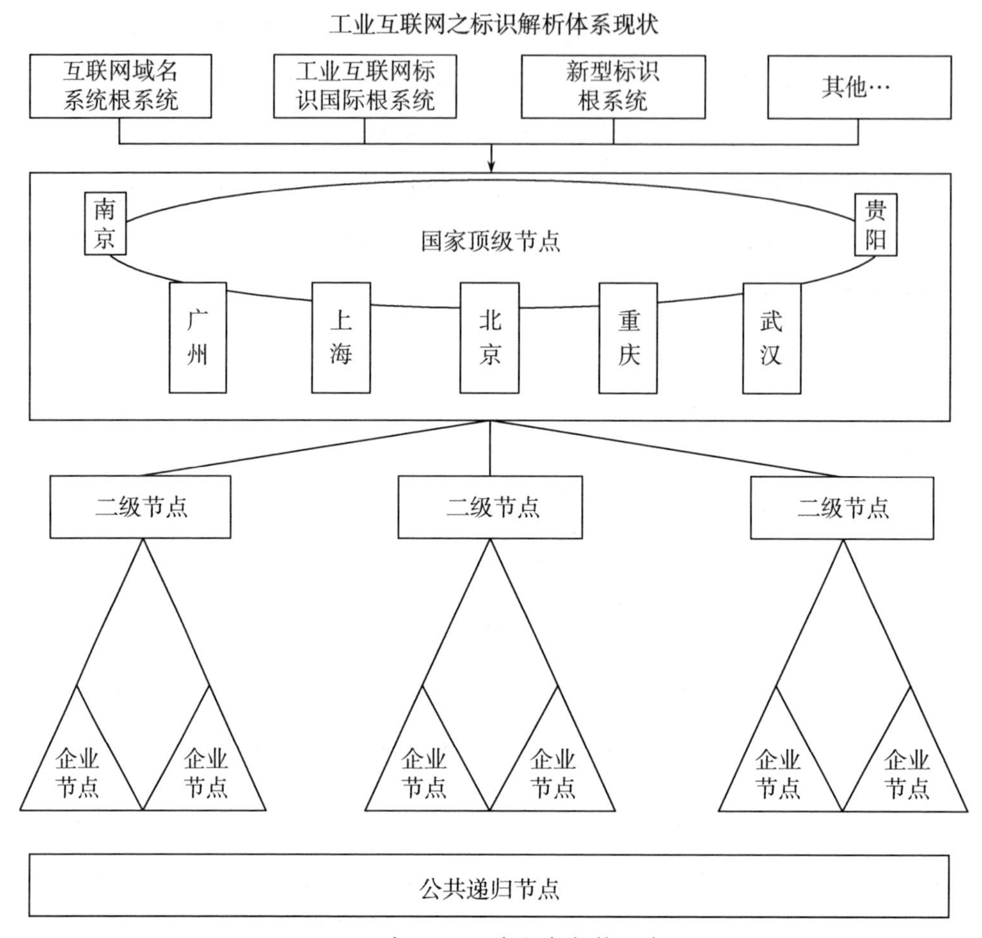

图2-8　中国Handle标识解析体系建设

2.3　自动化技术

自动化技术是一种能够实现生产过程自动化的技术，它利用各种传感器、控制元件、计算机等设备，对生产过程进行实时监控、调整和优化，使生产过程更加高效、准确、安全。自动化技术是现代工业生产中不可或缺的一部分，它不仅提高了生产效率，还能减少人工操作带来的误差，提高产品质量和生产安全性。自动化技术涉及的领域非常广泛，包括工业机器人、智能制造、能源管理等领域。随着科技的不断进步，自动化技术也在不断发展和完善，为未来的工业生产提供了更广阔的发展前景。

2.3.1　PLC技术

1. PLC技术概述

可编程逻辑控制器PLC（Programmable Controller）是一种数字运算操作的电子系统，它采用一类可编程的存储器，用于内部存储程序，执行逻辑运算、顺序控制、定时、计数与算术操作等面向用户的指令，并通过数字或模拟式输入/输出控制各种类型的机械或生产过程。可编程逻辑控制器及其有关外部设备，都按易于与工业控制系统联成一个整体、易于扩充其功能的原则进行设计。

2. PLC的基本结构

PLC的基本结构由CPU、存储器、电源和I/O接口等组成，如图2–9所示。

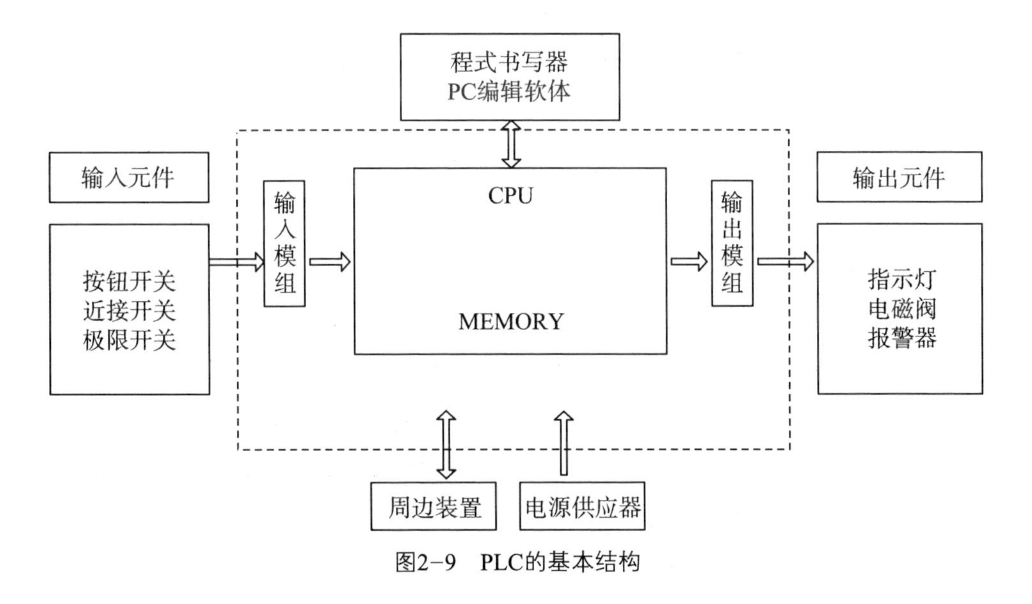

图2–9　PLC的基本结构

（1）中央处理单元（CPU）。中央处理单元是PLC的控制中枢。它按照PLC系统程序赋予的功能接收并存储从编程器键入的用户程序和数据；检查电源、存储器、I/O以及警戒定时器的状态，并能诊断用户程序中的语法错误。当PLC投入运行时，首先它以扫描的方式接收现场各输入装置的状态和数据，并分别存入I/O映象区，然后从用户程序存储器中逐条读取用户程序，经过命令解释后按指令的规定执行逻辑或算数运算的结果送入I/O映象区或数据寄存器内。等所有的用户程序执行完毕之后，最后将I/O映象区的各输出状态或输出寄存器内的数据传送到相应的输出装置，如此循环运行，直到停止运行。

（2）存储器。存放系统软件的存储器称为系统程序存储器。存放应用软件的存储器称为用户程序存储器。

PLC常用的存储器类型RAM、EPROM和EEPROM。

① RAM（Random Assess Memory），读/写存储器（随机存储器），其存取速度最快，由电池支持。

② EPROM（Erasable Programmable Read Only Memory），可擦除的只读存储器。在断电情况下，存储器内的所有内容保持不变。

③ EEPROM（Electrical Erasable Programmable Read Only Memory），电可擦除的只读存储器。使用编程器就能很容易地对其所存储的内容进行修改。

（3）电源。PLC的电源在整个系统中起着十分重要的作用。如果没有一个良好的、可靠的电源系统是无法正常工作的，因此PLC的制造商十分重视对电源的设计和制造。一般交流电压波动在+10%（+15%）范围内，可以不采取其他措施而将PLC直接连接到交流电网上去。

（4）I/O接口。PLC的输入接口电路的作用是将按钮、行程开关或传感器等产生的信号输入CPU；PLC的输出接口电路的作用是将CPU向外输出的信号转换成可以驱动外部执行元件的信号，以便控制接触器线圈等电器的通、断电。PLC的输入输出接口电路一般采用光耦合隔离技术，可以有效地保护内部电路。

3. PLC的特点

（1）高可靠性。所有的I/O接口电路均采用光电隔离，使工业现场的外电路与PLC内部电路之间电气上隔离；各输入端均采用R-C滤波器，其滤波时间常数一般为10 ~ 20 ms。各模块均采用屏蔽措施，以防止辐射干扰；具有良好的自诊断功能，一旦电源或其他软、硬件发生异常情况，CPU立即采用有效措施，以防止故障扩大。大型PLC还可以采用由双CPU构成冗余系统或由三CPU构成表决系统，使可靠性进一步提高。

（2）丰富的I/O接口模块。PLC可以针对不同的工业现场信号，如：交流或直流、开关量或模拟量、电压或电流、脉冲或电位、强电或弱电等。有相应的I/O模块与工业现场的器件或设备，如按钮、行程开关、接近开关、传感器及变送器、电磁线圈、控制阀等直接连接。另外，为了提高操作性能，还有多种人—机对话的接口模块；为了组成工业局部网络，还有多种通讯联网的接口模块等。

（3）采用模块化结构。为了适应各种工业控制需要，除了单元式的小型PLC以外，绝大多数PLC均采用模块化结构。PLC的各个部件，包括CPU、电源、I/O等均采用模块化设计，由机架及电缆将各模块连接起来，系统的规模和功能可根据用户的需要自行组合。

（4）安装简单，维修方便。PLC不需要专门的机房，可以在各种工业环境下直接运行。使用时只需将现场的各种设备与PLC相应的I/O端相连接，即可投入运行。各种模块上均有运行和故障指示装置，便于用户了解运行情况和查找故障。由于采用模块化结构，因此一旦某模块发生故障，用户可以通过更换模块的方法，使系统迅速恢复运行。

2.3.2 传感器技术

1. 传感器技术的定义

传感器技术是指能够感受规定的被测量，并按照一定的规律将其转换成可用输出信号的器件或装置的技术。传感器技术在现代信息技术中占据重要地位，与通信技术和计算机技术共同构成信息技术的三大支柱。

2. 传感器的结构

传感器是一种检测装置，能够感受到被测量的信息，并将其转换成电信号或其他形式的信息进行输出。传感器在各个领域都有广泛的应用，如工业自动化、医疗、环境监测等。

传感器一般是利用物理、化学和生物等学科的某些效应或原理按照一定的制造工艺研制出来的。因此，根据不同的情况，传感器的组成会有显著的区别。但总的来说，传感器是由敏感元件、传感元件和其他辅助部件组成，如图2-10所示。

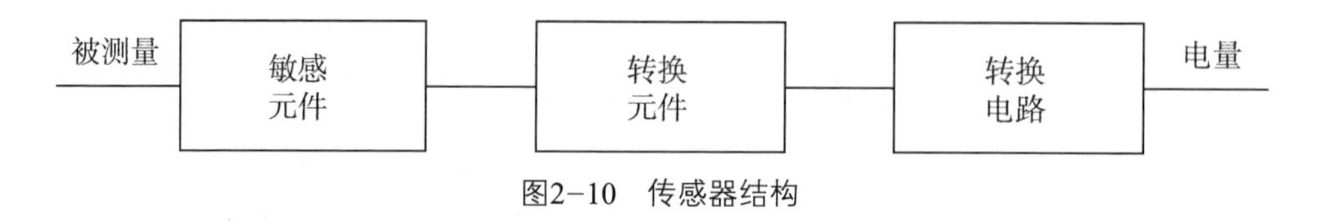

图2-10　传感器结构

（1）敏感元件：能够感应被测量的变化，并将其转换成可用输出信号的元件。

（2）转换元件：能将敏感元件输出的非电学量转换成电路需要的电信号。

（3）转换电路：将转换元件输出的电信号进行放大、滤波、线性化处理等，以便后续处理。

3. 传感器技术的应用

传感器可以相互连接并形成网络，从而实现远程监测和控制。借助人工智能技术，传感器能够不断学习和适应环境，提高自主决策能力，带来更智能、更高效的体验。

传感器设备如今具备了网络连接功能，这使得远程监测和控制成为可能。想象一下，通过互联网，我们可以随时随地了解家中空调的运行状态，或者对智能灯泡进行亮度调整。此外，传感器还通过人工智能技术实现了学习和适应环境的能力，这使得它们能够根据环境变化做出更加精准的决策。例如，智能家居系统可以根据用户的作息时间自动调整室内温度，或者在检测到室内光线充足的情况下自动关闭灯光。这些功能都得益于传感器设备的网络化和智能化发展。

2.3.3　工业现场通信技术

工业现场通信是指在工业生产现场实现各种传感器、执行器、控制器和操作终端等之间的信息传递和交换，它是一种实现工业自动化不可或缺的技术手段。工业现场通信技术的种类包括现场总线技术、工业以太网现场总线以及5G工业确定性连接。

1. 现场总线技术

现场总线技术是一种实现工业自动化和信息交互的关键技术，具有高可靠性、稳定性和易维护的特点。它能够实现底层设备之间的多点数字通信，提高生产效率，降低成本，并促进企业信息集成。据不完全统计，目前国际上在用的总线通信协议数量高达40余种，每种总线大都有其应用的领域，比如MODBUS、PROFIBUS-DP、CAN适用于离散加工制造业；FF、PROFIBUS-PA、World FIP，适用于石油化工等工业行业的过程控制。这些划分也不是绝对的，每种现场总线都力图将其应用领域扩大，彼此渗透。

工业现场总线具有高度实时性、安全性、可靠性等优势，适合工业应用使用。工业现场总线的主要缺点是传输速率低和标准性差。由于不同国家和公司的利益之争，虽然早在1984年国际电工技术委员会/国际标准协会（IEC/ISA）就着手开始制定现场总线的标准，统一的标准至今尚未完成，严重阻碍了工业现场总线的发展。

2. 工业以太网现场总线

工业以太网现场总线是一种基于以太网技术的通信协议，它具有高速、可靠、安全和灵活的特点，能够适应工业生产现场的需求，实现设备之间的实时通信和控制。它已经成为现代工业自动化领域的重要技术之一，如西门子的PROFINET、贝加莱的Powerlink、倍福的EtherCAT、浙大中控的EPA等。

3. 5G工业确定性连接

5G工业确定性连接是一种基于5G网络技术的工业通信连接方式，它具有高可靠性、低延迟和大容量的特点，能够满足工业生产现场对于数据传输和信息交互的需求，促进工业自动化和数字转型。

超可靠低时延传输URLLC（Ultra Reliable Low Latency Communication）技术提供了工业连接所需的低时延等能力，包括精准时钟同步授时、超级上行、上行免调度传输、非时隙调度Non-Slot特性等。对于某些二层网络业务流，往往要求较高的时延可靠性，并具备一定的可用性，确保5G模组甚至无线接入网RAN（Radio Access Network）设备的稳定性以防止业务中断。此时可以采用终端侧和5G核心网配合，实现双发选收技术。在5G终端或者设备内，包含两个5G模组，5G终端UE（User Equipment）与用户平面功能UPF（User Plane Function）同时发送和接收两份相同的冗余数据，优选保留时延较短的业务包。采用此技术，可大大缓解网络覆盖、干扰、时延不确定等问题。且终端和服务器侧的应用无需修改，完全无感知。在工业互联场景，可针对重要的业务连接，按需选择此技术。

2.3.4 工业网关技术

1. 工业网关概述

工业网关是一种连接不同工业设备的网络设备，如图2-11所示。工业网关（Gateway）又称网间连接器、协议转换器，通常具有多种通信接口，可以连接不同协议和标准的设备，如PLC、传感器、DCS、OPC设备等。通过工业网关，可以将不同设备的数据进行采集、处理和分析，从而实现设备的远程监控和管理。工业网关起的是承上启下的作用，对上配置云端平台，对下连接工业设备，实现信息的上传与下达，它被使用在不同的通信协议、数据格式或语言的两种系统或产品之间，或者产品与云平台之间，简单地说，工业网关就是一个工业通信翻译器。

图2-11 工业网关设备

2. 工业网关的核心功能

工业通信网关可以在各种网络协议间做报文转换，其功能可以通过一块芯片、一个嵌入式设备或板卡，或者是一台独立的设备实现。此外，还有一些设备，如PC，也可以实现网关（或设备服务器）的功能。工业网关必须能够完整地解析出报文的内容，并且智能地将它转换为另一种协议。

网关负责将现场数据整合收集之后，集中汇总到工业网关中，工业网关对这些信息进行整理分析，记录在控制板中，从而实现对工业设备的远程控制、远程升级、远程通讯、实时监测等。

工业网关具有以下几种核心功能。

（1）信息采集与传输。工业网关通过连接工业设备控制系统，完成数据的采集，实时将读取到设备运行的参数信息，断线续传以及加密上传，满足工业用户的需求。在工厂中，各种设备的运行状态和生产数据需要实时采集和监控。工业网关可以通过连接这些设备，实现数据的采集和传输。通过将设备数据上传到云端或本地服务器，可以进行数据分析和处理，从而实现设备的远程监控和管理。

（2）远程监控。可以通过各种类型的网络对设备和产品的性能和运行状况进行远程监控，预测和评估，继而实现现场设备的高质量运行，大幅度降低设备的平均故障发生率，提高产品系统可靠性。

（3）远程编程、调试。通过与工业物联网云平台相结合，即可实现远程设备的管理、设备状态的监视，还有远程编程控制和调试等。在工厂中，设备的调试和维护需要耗费大量时间和人力。工业网关可以通过连接设备，实现远程调试和维护。通过工业网关，可以对设备进行远程控制和监控，从而提高了设备的调试和维护效率。

（4）远程告警。使用用户可以自己定制警报触发的条件，制定警报的推送机制，利用网页、APP、现场警报灯和文本消息等方法推送给对应的人员。

练习题

1. 什么是虚拟化技术？常用的虚拟化技术有哪些？

2. 举例说明大数据中的数据来源。

3. 什么是区块链？区块链在工作和生活中有哪些应用？

4. 简述物联网通信技术中NB-IoT技术的特点，并分析NB-IoT与LoRa有什么不同之处。

5. 详细说明域名系统DNS中的域名结构。

6. 什么是PLC技术，具有哪些特点。

7. 举例说明传感器技术在现在生活中的应用。

8. 简述什么是工业网关，工业网关具有哪些核心功能。

第3章 IPv6技术

网络互联技术是当今信息化社会的重要组成部分，它将多个计算机网络连接起来，实现信息的跨地域、跨平台、跨网络的传递和处理。网络互联技术不仅提高了信息的传输效率，还促进了各个行业的发展和创新，而将整个Internet粘合在一起的正是互联网协议（Internet Protocol，IP）。目前，IPv4存在的最大问题在于网络地址资源不足，严重制约了互联网的应用和发展。为解决此问题，国际互联网工程任务组（IETF）设计了下一代IP协议—IPv6技术。IPv6代表互联网未来的发展方向，全面普及是大势所趋，5G、物联网、云计算、无人驾驶等新兴领域都需要IPv6作为支撑。随着科技的飞速发展，IPv6最终会取代IPv4成为主流，人类将全方位享受到IPv6带来的更高效、更安全的服务。

能力目标

理解IPv6的报文结构，学会报头的表示方法。

明晰下一个报头字段值与扩展报头类型之间的关系，并能形成指针链表。

理解IPv6的地址组成，并能选用适当的表示方法，正确书写IPv6的地址。

掌握IPv6的寻址模式、工作机制和应用场景。

能够从周期性、实现成本、技术难度、部署便捷性以及运维难度等多方面综合考虑选择合适的IPv6过渡技术。

知识结构

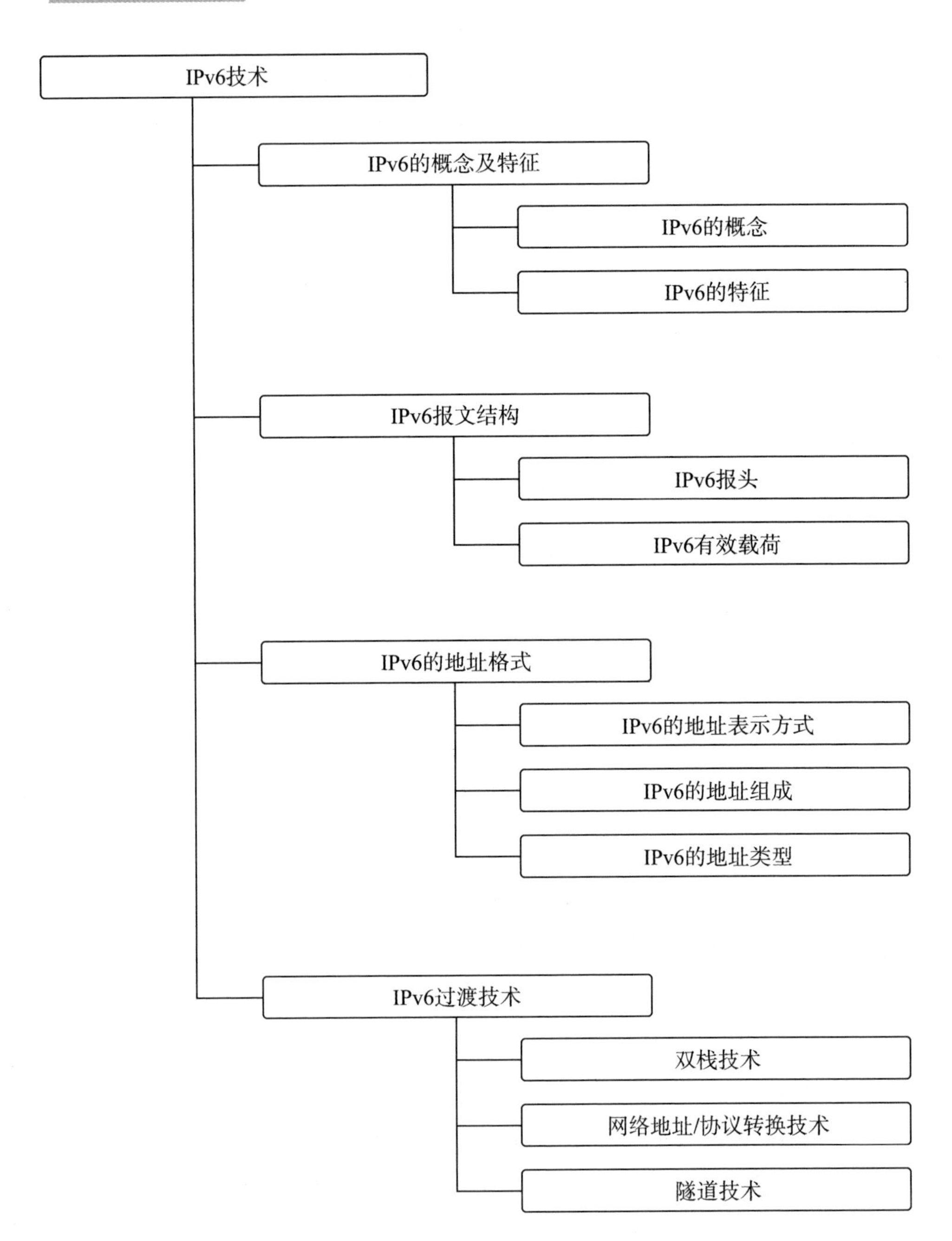
IPv6技术
IPv6的概念及特征
IPv6的概念
IPv6的特征
IPv6报文结构
IPv6报头
IPv6有效载荷
IPv6的地址格式
IPv6的地址表示方式
IPv6的地址组成
IPv6的地址类型
IPv6过渡技术
双栈技术
网络地址/协议转换技术
隧道技术

3.1 IPv6的概念与特征

3.1.1 IPv6的概念

IPv6是英文“Internet Protocol Version 6”（互联网协议第6版）的缩写，是互联网工程任务组（IETF）设计的用于替代IPv4的下一代IP协议，其地址数量号称可以为全世界的每一粒沙子编上一个地址。

IPv6设计的初衷是为了解决IPv4地址空间不足的问题，IPv6的使用，不仅能增加网络地址资源数量，还能排除多种接入设备连入互联网的障碍，同时能提高网络的安全性和性能。

2016年，互联网数字分配机构（IANA）向国际互联网工程任务组（IETF）提出建议，要求新制定的国际互联网标准只支持IPv6，不再兼容IPv4。

2021年7月12日，中央网络安全和信息化委员会办公室、国家发展和改革委员会、工业和信息化部发布了关于加快推进互联网协议第六版（IPv6）规模部署和应用工作的通知。

2023年4月27日，中央网信办、国家发展改革委、工业和信息化部联合印发《深入推进IPv6规模部署和应用2023年工作安排》。该安排明确了2023年工作目标：到2023年末，IPv6活跃用户数达到7.5亿，物联网IPv6连接数达到3亿，固定网络IPv6流量占比达到15%，移动网络IPv6流量占比达到55%。网络、应用基础设施承载能力和服务质量均优于IPv4，云平台和内容分发网络IPv6服务覆盖范围持续拓展。新出厂家庭无线路由器、家庭智能组网产品、机顶盒等支持IPv6，并默认开启IPv6地址分配功能。县级以上政府门户网站全面支持IPv6，国内主要商业网站及移动互联网应用IPv6支持率达到90%，应用分发平台上架应用支持IPv6的数量明显提升。“IPv6+”创新生态和标准体系更加完善，IPv6网络安全防护能力不断巩固。

3.1.2 IPv6的特征

具体来说，IPv6具有如下八大特征。

1. 具有更大的IP地址空间

IPv6地址位数由IPv4的32位扩展为128位，地址空间为原来的2^{32}（约4×10^{9}）个扩展为2^{128}（约3.4×10^{38}）个。IPv6采用分级地址模式，支持从Internet核心主干网到企业内部子网等多级子网地址分配方式。在IPv6的庞大地址空间中，目前已分配掉的地址仅占其中极小的一部分，有足够的余量可供未来发展之用，网络地址转换（Network Address Translation，NAT）之类的地址转换技术将不再需要。

2. 扩展了地址层结构

IPv6地址空间的管理划分层次，前64位为子网络地址空间，后64位为局域网MAC地址空间。子网地址空间可满足主机和主干网之间的3级ISP结构，以利于骨干网路由器对数据报的快速转发，使路由器寻址更加方便。网络被分为多个区域，每个区域有多个区域骨干节点，每个骨干节点汇聚多个接入网，通过接入节点，连接终端节点提供服务，IPv6的层次化结构如图3-1所示。

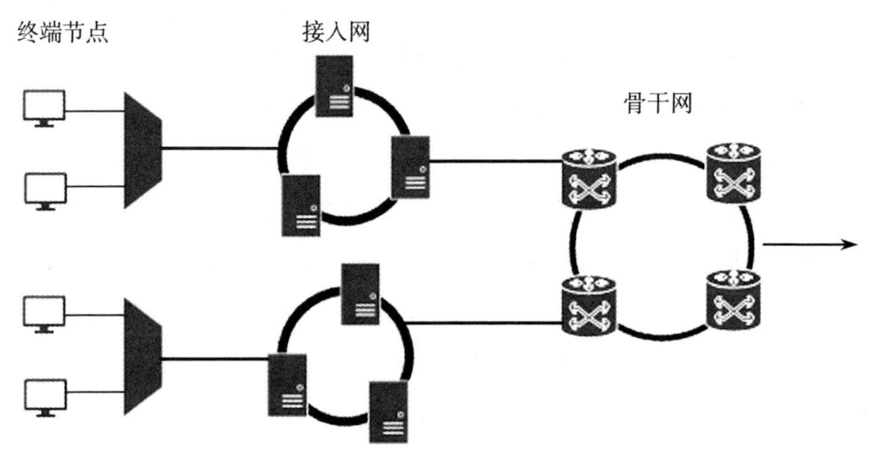

图3-1　IPv6的层次化结构

3. 简化了报文报头格式

IPv6报文采用报头长度固定方式，只有8个字段，由一个基本报头和多个扩展报头（Extension Header）构成，基本报头具有固定的长度（40字节），放置所有路由器都需要处理的信息。由于Internet上的绝大部分包只是被路由器简单转发，因此，固定的报头长度有助于加快路由速度，提高吞吐量。IPv6允许报文包含有选项控制信息，可添加其他选项，放入有效载荷中。

4. IPv6报文报头格式灵活

IPv6为了提供更多功能，定义了多种扩展报头，使得IPv6变得极其灵活，能提供对多种应用的强力支持，同时为以后支持新的应用提供了可能。IPv6数据报报头和IPv4报头不兼容。路由器不处理IPv6扩展报头，因此，可以加快路由器的处理效率。

5. 支持更多的服务类型

IPv6协议具有良好的可扩展性，允许协议继续扩充。IPv6通过在IPv6协议报头之后添加扩展协议报头，简单快捷地实现扩展功能。

6. 提高了安全性

IPv6协议具有身份认证隐私权，支持IPSec（Internet Protocol Security）协议，用户可以对网络层的数据进行加密并对IP报文进行校验，极大地增强了网络的安全性。

7. IPv6地址自动配置

IPv6协议支持即插即用，主机在不改变地址的情况下即可实现漫游。链路上的主机会自动为自己配置适合该链路的IPv6地址，同一链路的所有主机可以自动配置各自的链路本地地址，不需要手工配置就可以通信。

8. 更好地支持移动通信

未来移动通信与互联网的结合将是网络发展的大趋势之一。IPv6为用户提供可移动的IP数据服务，让用户可以在世界各地都使用同样的IPv6地址，对未来的移动通信提供更好的支持。

3.2 IPv6报文结构

IPv6报文的整体结构由报头（又称基本首部）和有效载荷两部分组成，如图3-2所示。

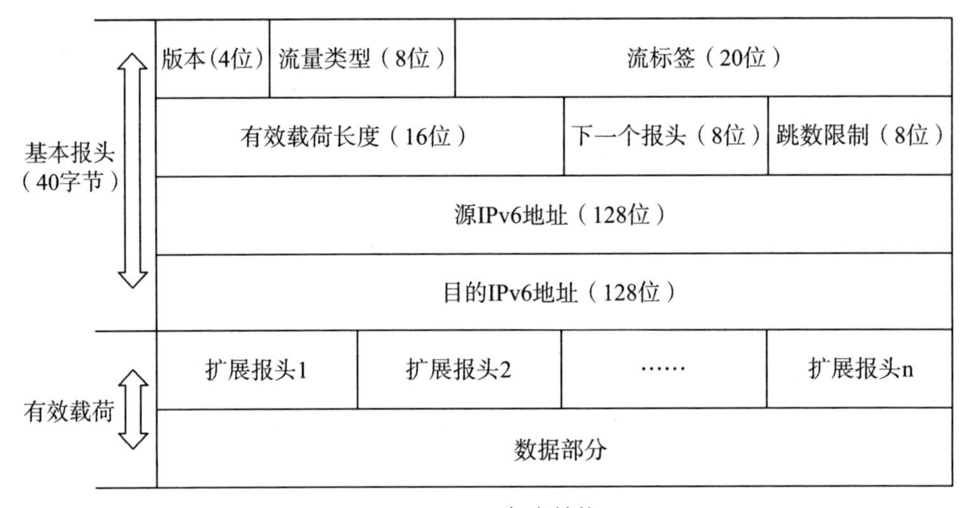

图3-2　IPv6报文结构

3.2.1 IPv6报头

IPv6报头是必选报文头部，包含该分组的基本信息，如版本、流量类型、流标签、有效载荷长度、下一个首部、跳数限制、源IPv6地址、目的IPv6地址等，长度固定为40B。各字段的含义如下：

1. 版本

指明协议的版本号，该字段值为6。

2. 流量类型

用于区分不同的IPv6数据报的类别或其优先级，主要用于QoS。

3. 流标签

用来标识同一个流里面的报文，支持资源预分配，允许路由器将每个数据报与一个给定的资源分配联系起来。流标签对于音频和视频等流媒体数据传输十分有用，对于电子邮件或非实时传送数据作用不大，一般将其设为0。

4. 有效载荷长度

包含扩展报头和数据部分的长度，最多可表示65535字节数，超过则置为0。

5. 下一个报头

该字段用来指明数据报报头后接的报文报头的类型，若存在扩展报头，表示第一个扩展报头的类型，否则表示其上层协议的类型，它是IPv6各种功能的核心实现方法。

6. 跳数限制

该字段类似于IPv4中的TTL，表示数据报生存期。源点在每一个数据报发送时，会设定一个跳数限制（最大跳数为255）。各路由器在转发数据报时，先将跳数限制字段值减1，当跳数限制值为零时，丢弃该数据报。

7. 源IPv6地址和目的IPv6地址

表示发送方和接收方的IPv6地址。

3.2.2 IPv6有效载荷

有效载荷又称净负荷，由0到多个扩展报头（可选项）和数据部分组成。

1. 扩展报头结构

IPv6协议中的扩展报头是可选的，只在需要时才插入，可能存在0个、1个或多个，IPv6协议通过扩展报头实现各种功能。IPv6数据报定义了6种扩展报头，具体含义如下：

（1）逐跳选项报头。如果是包含逐跳选项报头，所有经过的网络节点必须交给CPU进行软件处理，所以，在有多个扩展报头的情况下，逐跳报头必须紧跟IPv6报头处于第一个位置。

（2）路由选择报头。用来指出IPv6分组在从源结点到目的结点的过程中，需要经过的一个或多个网络中间结点。

（3）分片报头。包含分片偏移值、更多分片和标识字段，用于分片处理。

（4）身份认证（AH）报头。提供一种对IPv6报头、扩展报头和净负荷的某些部分进行加密的校验和计算机制。

（5）封装安全有效载荷（ESP）报头。指明数据载荷已经加密，并为已获得授权的目的节点提供足够的解密信息。

（6）目的节点选项报头。包含只能由最终目的节点所处理的选项。目前，只定义了填充选项，填充为64位边界，以备将来所用。

扩展报头的可选性使得IPv6分组的生成更加灵活和高效，提高了分组的转发效率，增强了IPv6协议的可扩展性。IPv6扩展报头要求每个扩展报头的长度应为8个字节（64位）的整数倍。下一个报头字段值与扩展报头类型之间的关系如表3-1所示。

表3-1　下一个报头字段值与扩展报头类型之间的关系

下一个报头字段值	扩展报头类型
0	Hop-by-Hop Options Header逐跳报头
6	TCP
17	UDP
43	Routing Header路由报头
44	Fragment Header分片报头
50	Encapsulating security Payload封装有效安全载荷
51	Authentication Header认证报头
59	No next header
60	Destination Options Header目的选项报头

IPv6报文通过“下一个报头”字段配合IPv6扩展报头来实现选项的功能。使用扩展报头时，将在IPv6报文“下一个报头”字段表明首个扩展报头的类型，再根据该类型对扩展报头进行读取与处理。每个扩展报头同样包含“下一个报头”字段，若接下来有其他扩展报头，即在该字段中继续标明接下来的扩展报头的类型，从而达到添加连续多个扩展报头的目的，构成扩展报头指针链表，如图3-3所示。在最后一个扩展报头的“下一个报头”字段中，标明该报文上层协议的类型，用以读取上层协议数据。

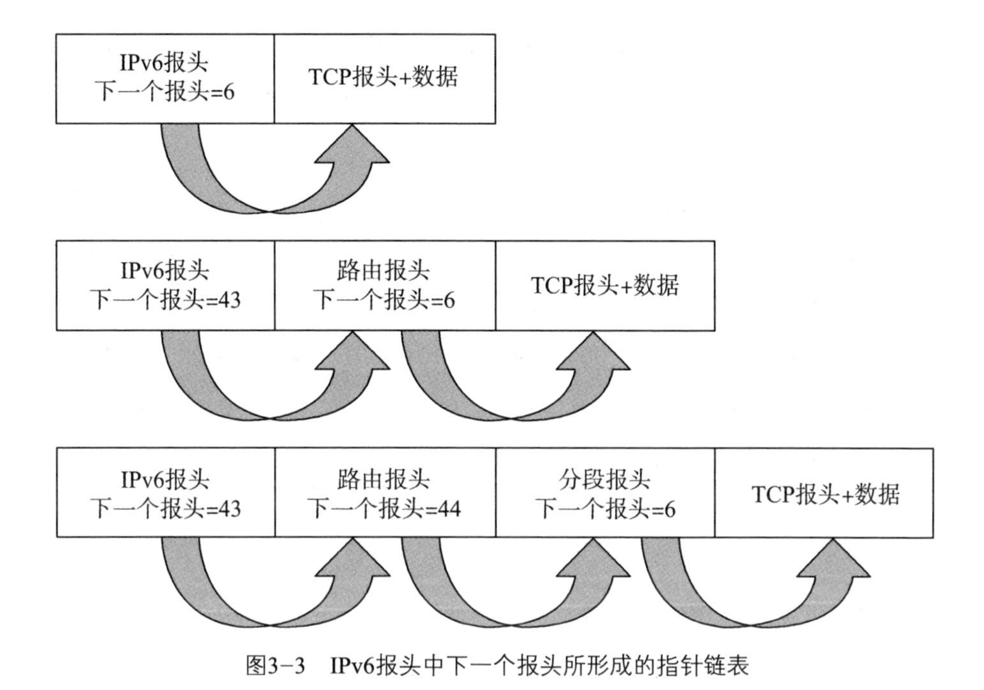

图3-3 IPv6报头中下一个报头所形成的指针链表

2. 数据部分

数据部分是IPv6分组携带的上层协议数据，包括ICMPv6报文、TCP报文、UDP报文等，在此不再赘述。

3.3 IPv6地址格式

IP地址是一种在Internet上给主机编址的方式，也称为网际协议地址，是用来唯一标识互联网上设备的逻辑地址，每台联网设备都依靠IP地址来标识自己。IPv6具有128位的地址长度，是IPv4地址长度的4倍，IPv6超乎想象的地址数量能很好地解决地址缺乏的难题。

3.3.1 IPv6地址的表示方法

IPv4地址是一个32位的二进制数，通常被分割为4个“8位二进制数”，IP地址通常用“点分十进制”表示成（a.b.c.d）的形式表示，其中，a，b，c，d都是0～255之间的十进制整数。IPv6地址多达128位，不再适合以十进制表示，而是改用十六进制。根据RFC4291的定义，IPv6地址主要有3种格式：冒分十六进制表示法、压缩表示法和内嵌IPv4地址的IPv6地址表示法。

1. 冒分十六进制表示法

将IPv6的128位地址按每16位划分为一个段，将每个段转换成十六进制数字，并用冒号隔开。每段由4位十六进制数（即16位二进制）组成，表示为X:X:X:X:X:X:X:X。假设128位IPv6地址为：

0011 0001 1101 1011 0000 0000 1101 0011 0000 0000 0000

0000 0010 1111 0011 1011 0000 0010 1010 0000 0000 0000

1111 1111 1111 1110 0010 1000 1001 1100 0101 1110

用冒分十六进制表示法，可表示为:31DB:00D3:0000:2F3B:02A0:00FF:FE28:9C5E。

以此格式来表示IPv6地址时，需要特别注意两点：

（1）与十进制表示的IPv4地址一样，每段中4个十六进制数前面的0可以省略，但后面的0不能省略；

（2）如果一个段中4个十六进制数全是0，不能省略，必须写一个0。

所以上例中的地址还可以简化为31DB:D3:0:2F3B:2A0:FF:FE28:9C5E。该地址常见的错误是省掉全0段：31DB:D3:2F3B:2A0:FF:FE28:9C5E。

2. 压缩表示法

从IPv6地址的冒分十六进制表示法可看出，IPv6地址过长，书写和记忆较困难。在实际应用中，特别是服务器、网关等用到的IPv6地址都会出现连续多位的0，此时采用压缩格式来表示会更合理。RFC 4291规定IPv6地址结构中允许用“空隙”来表示这些0。在以冒号十六进制数表示法表示的IPv6地址中，如果几个连续的段值都是0，那么这些0可以简记为::，每个地址中只能有一个::。例如，2001:DB8:0:0:8:800:200C:417A，可以压缩为：2001:DB8::8:800:200C:417A。

3. 内嵌IPv4地址表示法

在IPv4和IPv6的共存环境中可以采用内嵌IPv4地址的IPv6地址格式。其书写格式一般是前面96位地址用冒分十六进制表示法或压缩表示法的十六进制数表示，后面追加以十进制数表示的32位IPv4地址。其实，这种格式只是便于书写，系统会自动将末尾的IPv4地址转换成十六进制数。内嵌IPv4地址的IPv6地址格式有两种类型，一种是IPv4兼容地址，一种是IPv4映射地址。

（1）IPv4兼容地址。用于在运行IPv4和IPv6两种协议的节点使用IPv6进行通信，节点在IPv4路由结构之上构建动态IPv6隧道，即X:X:X:X:X:X:d.d.d.d，其中X表示一个位段（表示4位十六进制数），d表示一个十进制整数（表示8位二进制数）。例如:::192.168.0.1。

（2）IPv4映射地址。用于支持IPv6协议访问而不支持IPv4协议访问的节点，将IPv4地址表示成IPv6地址的形式，表示方法为:::FFFF:w.x.y.z。该地址在6PE、6vPE中有应用。例如:::FFFF:192.168.0.1或::FFFF:C0A8:0001。IPv6地址中的最低32位可以用于表示IPv4地址，可以是点分十进制表示，也可以转换为十六进制。

4. 地址前缀表示法

IPv6的地址前缀仍然用文本表示法，一个IPv6地址前缀用如下形式表示：IPv6地址/前缀长度。这里前缀长度是一个十进制的数，表明地址最左端连续的多少比特构成该地址的前缀。假设节点IPv6地址为1F02:30::1:0:0:2，则节点子网号为1F02:30:0::/40，可以简写为1F02:30::1:0:0:2/40。

3.3.2 IPv6的地址组成

IPv6地址由两部分组成，即网络前缀和接口标识，如图3−4所示。通常情况下，网络前缀和接口标识符各占64位。对于IPv6单播地址来说，如果地址的前三位不是000，则接口标识必须为64位；如果地址的前三位是000，则没有此限制。

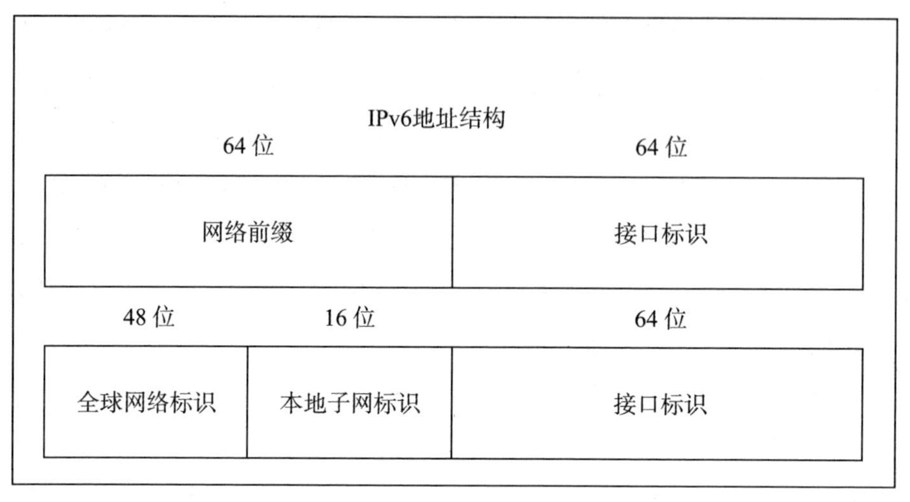

图3-4　IPv6地址结构

1. 网络前缀

网络前缀相当于IPv4地址中的网络地址，用于识别网络的网络号，IPv6网络前缀长度的选择通常由网络管理员根据实际需求和规模进行决定。在IPv4网络中，由子网掩码与目的IP地址做“与”运算来得出网络号，再查路由表中对应网络号下一跳，就可以选择出口转发数据了。IPv6与此相似，只不过直接用网络前缀长度来替代了子网掩码的计算功能，例如：1F02:30:0::/40，40表示网络前缀长度40位的二进制数。一旦在主机或路由器等网络接口启用了IPv6协议，就会在该接口下自动生成一个以“FE80::”开头的“链路本地地址”，这也是IPv6的“即插即用”特性，即规定好固定前缀，再快速生成接口标识符，以拥有一个完整的IPv6地址。

IPv6地址中的网络前缀又包括全球网络标识和本地子网标识。其中全球网络标识符占48位，本地子网标识占16位。全球网络标识符是用于标识Internet上的特定网站或网络的公共拓扑，在给一个公司分配IPv6地址时，总是分配给它一个前48位固定的地址，而后面的16位又可以被该公司用来做子网地址。这样分配，可以方便做路由聚合。

2. 接口标识

接口标识相当于IPv4地址中的主机地址，用于识别不同的节点。接口标识可通过三种方法生成，即手工配置、系统通过软件自动生成或IEEE EUI-64规范生成，通常使用的是IEEE EUI-64规范生成。IEEE EUI-64转换过程如下：先将FFFE插入到48位MAC地址中间，随后将第7位由0改成1（第7位为1表示此接口标识全球唯一，也就是说这个IPv6地址是一个全球唯一的地址）。例如：MAC地址11-11-22-22-33-33，转换后为1311:22FF:FE22:3333，如图3–5所示。

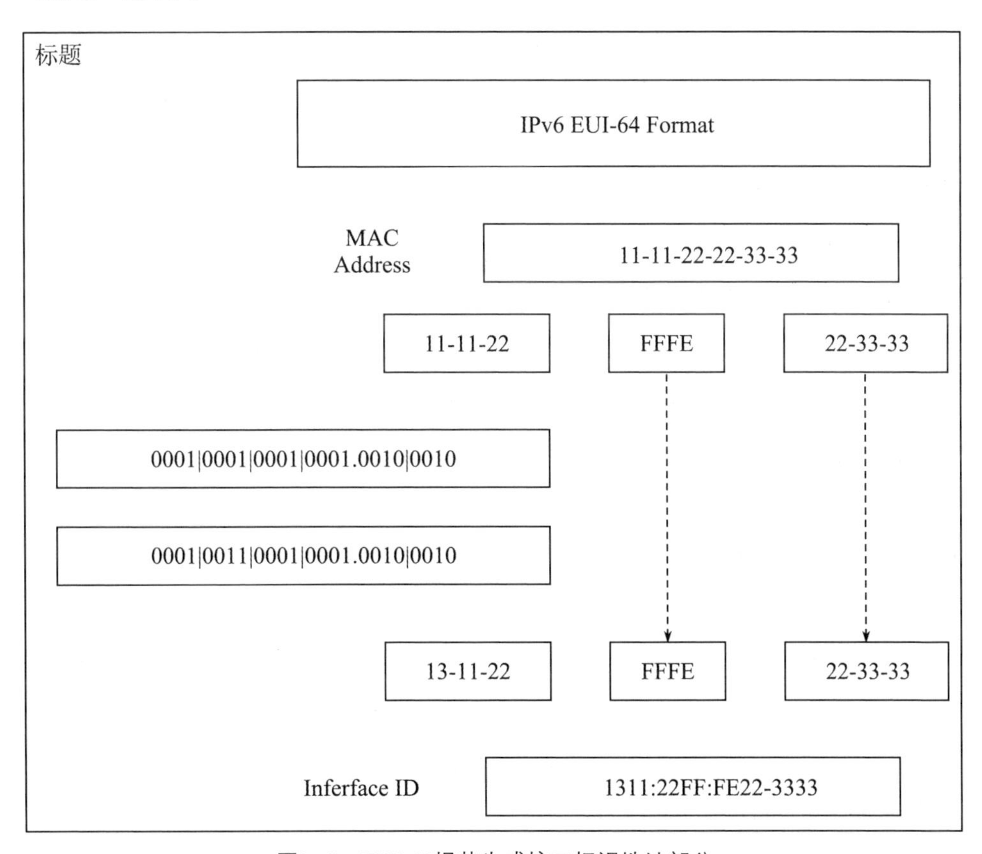

图3–5　EUI-64规范生成接口标识地址部分

3. IPv6地址由三部分组成

IPv6地址中的网络前缀又包括全球网络标识和本地子网标识。其中全球网络标识符是用于标识Internet上的特定网站或网络的公共拓扑，在给一个公司分配IPv6地址时，总是分配给它一个前48 bit固定的地址，而后面的16 bit又可以被该公司用来做子网地址。这样分配，可以方便做路由聚合。在64位的网络前缀中，全球网络标识占48位的和本地子网标识占16位。

3.4 IPv6的地址类型

IPv6的地址类型又称为寻址模式，IPv6协议主要定义了三种地址类型：单播地址（Unicast Address）、组播地址（Multicast Address）和任播地址（Anycast Address）。与原来的IPv4地址相比，新增了任播地址类型，取消了原来IPv4地址中的广播地址，因为在IPv6中的广播功能是通过组播来完成的。

3.4.1 单播地址

1. 概念

单播地址又叫单目地址，就是传统的点对点通信，单播表示一个单接口的标识符。单播用来唯一标识一个接口，类似于IPv4中的单播地址。发送到单播地址的数据报文将被传送给此地址所标识的一个接口。单播可分为全局单播地址、本地链路地址、站点本地地址和特殊地址。

2. 分类

（1）全局单播地址。该地址是IPv6中使用最广泛的一种地址，一个典型的IPv6的地址结构由3部分组成，具体为全局路由前缀（Global Routing Prefix）、子网标识符（Subnet ID）和接口标识符（Interface ID）。目前的全局单播地址由互联网数字分配机构IANA（The Internet Assigned Numbers Authority）分配，使用的地址范围从二进制值001（2000::/3）开始，占全部IPv6地址空间的1/8，是最大的一块分配地址，有效地址范围前缀为2000—3FFF。目前只分配了2001::/16，2002::/16，3FFE::/16三个地址段。

（2）本地链路地址。该地址仅用于单个链路（链路层不能跨VLAN），不能在不同子网中路由。结点使用链路本地地址与同一个链路上的相邻结点进行通信。例如，在没有路由器的单链路IPv6网络上，主机使用链路本地地址与该链路上的其他主机进行通信。固定前缀为FE80::/10，当一个节点启用IPv6时自动生成，64位拓展由MAC地址按照EUI 64转换而来。

（3）站点本地地址。该地址用于同一机构中的节点之间的通信，其地址由格式前缀1111 1110 11来标识，即FEC0::/10。类似于IPv4中的私有地址（10.0.0.0、172.16.0.0和192.168.0.0），仅在内部网络使用，如打印机等。与链路本地地址不同，站点本地地址不是自动配置的，它必须通过无状态或有状态的地址自动配置方法来进行指派。

（4）特殊地址。包括唯一本地地址、未指定地址、回环地址、内嵌IPv4地址的IPv6地址等。

① 唯一本地地址：概念上相当于私有IP，固定前缀为FC00::/7，仅能在本地网络使用，在IPv6 Internet上不可被路由。

② 未指定地址：地址形式为0:0:0:0:0:0:0:0/128→::/128，表示地址未指定，或者在写默认路由时代表所有路由；该地址作为某些报文的源IP地址，比如作为重复地址检测时DAD时发送的邻居请求报文的源地址，或者DHCPv6初始化过程中客户端所发送报文的源IP。

③ 回环地址：单播地址0:0:0:0:0:0:0:1称为回环地址。同IPv4中127.0.0.1地址的含义一样，节点用来向自身发送IPv6包，它不能分配给任何物理接口，表示节点本身。

④ 内嵌IPv4地址的IPv6地址：为了支持IPv4向IPv6过渡，在IPv6相关的RFC3513和RFC4291文档中定义了两种内嵌IPv4地址的IPv6地址，一种称作兼容IPv4的IPv6地址（IPv4-compatible IPv6 Address）；另一种称作映射IPv4的IPv6地址（IPv4-mapped IPv6 Address）。

3. 应用场景

IPv6单播地址在现代互联网和网络通信领域具有广泛的应用，为各种网络场景提供了高效、安全、可靠的通信基础。比如，在数据中心环境中，IPv6单播地址用于标识不同设备之间的通信，如服务器、存储设备、网络设备等；在物联网中用于标识各种物联网设备之间的通信等；在网络安全领域可用于实现入侵检测、防火墙、虚拟专用网络（VPN）等。

3.4.2 组播地址

1. 概念

组播地址就是指一组接口的地址（通常分属不同节点），发送到多播地址的数据包被送到由该地址标识的每个接口。假设一个发送者同时给多个接收者传输相同的数据，也只需复制一份相同的数据包。它不仅提高了数据传送的效率，还减少了骨干网络出现拥塞的可能性。IPv6组播地址的最明显特征就是最高的8位固定为1111 1111。

一个IPv6组播地址由前缀、标志（Flag）字段、范围（Scope）字段以及组播组ID（Global ID）4个部分组成，如表3-2所示。

表3-2　组播字段组成

8 bit	4 bit	4 bit	80 bit+32 bit
1111 1111	flags	scop	group ID（80 bit reserves must be zero）

（1）前缀：FF00::/8（1111 1111）。

（2）标志字段（Flag）：长度为4位，目前只使用了最后一位（前三位必须置0）。当值为0时，表示当前的组播地址是由IANA所分配的一个永久分配地址或多播地址；当值为1时，表示当前的组播地址是本地分配或临时多播地址（非永久分配地址）。

（3）范围字段（Scope）：长度为4位，用来限制组播数据流在网络中发送的范围，该字段取值和含义的对应关系如表3-3所示。

表3-3　范围字段取值和含义的对应关系

0001	接口本地范围，单个接口范围有效，仅用于多播的Loopback操作
0010	链路本地范围
0100	管理本地范围，管理员配置
0101	站点本地范围
1000	组织本地范围，属于同一个组织的多个站点范围
1110	全局范围

（4）组播组ID（Group ID）：长度为112位，用以标识组播组。目前，RFC并没有将所有的112位都定义成组播标识，而是建议仅使用该112位的最低32位作为组播组ID，将剩余的80位都置0。这样每个组播组ID都映射到一个唯一的以太网组播MAC地址。

2. 工作机制

（1）IGMP v1工作机制。IGMP v1主要基于查询和响应机制来完成对组播组成员的管理，如图3-6所示。对于IGMP v1来说，由组播路由协议选举出唯一的组播信息转发者DR（Designated Router，制定路由器）作为IGMP查询者。主机会主动加入组播组发送的IGMP成员关系报告报文，并发送加入申请，不需要等待IGMP查询器来发送IGMP查询报文。

IGMP查询器周期性地以组播方式向本地网段内的所有主机与路由器发送General Query报文（目的地址为224.0.0.1）。在收到查询报文后，Host A和Host B谁的定时器先超时，谁就向IGMP路由器发起对G1成员关系报告报文（假设为A），B的报告报文就会被抑制。经过以上过程，当组播源发往G1的组播数据经过组播路由到达IGMP路由器时，由于IGMP路由器上已经建立起了组播成员关系，于是将该组播数据转发到本地网段，接收主机就可以接收到组播数据。

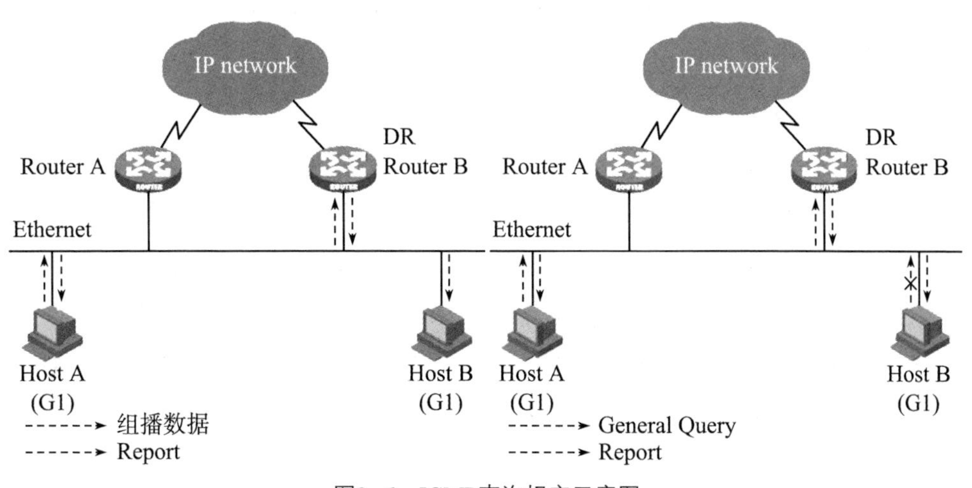

图3-6 IGMP查询相应示意图

IGMP v1支持两种包类型，Membership Query和Membership Report。IGMP v1没有专门定义离开组播组的报文。当运行IGMP v1的主机离开某组播组时，将不会像其要离开的组播组发送报告报文。当网段中不再存在该组播组的成员后，IGMP路由器将收不到任何发往该组播组的报告报文，于是IGMP路由器在180秒后便删除该组播组所对应的组播转发项。

（2）IGMP v2工作机制。IGMP v2支持三种包类型，Membership Query，Membership Report和Leave Group。其中。Membership Query包括两种，正常的Query和特殊的Query。正常的Query类似于v1，查询所有的组是否有成员；特殊的Query，在收到主机发往某组播组的Leave Group后，路由器所发的只查询该特定组的Query。Membership Report用于指示一台主机希望加入一个组播组，当主机首次加入一个组播组时，它会主动向该组发送一个Membership Report，响应本地路由器发出的General Query和Group-Specific Query，当主机退出一个组时，它用Leave Group来通知本地的路由器。Leave Group是发向子网中所有路由器的。不管是Membership Report还是Leave Group消息，它们的组地址都是主机希望加入或者想要离开的组播组。

（3）IGMP v3工作机制。IGMP v3提供了在报文中携带组播源信息的能力，即主机可以对组播源进行选择。IGMP v3的提出，主要是为了配合源特定多播的实现。源特定多播（Source Specific Multicast，SSM）使用多播组地址和多播源地址同时来标志一个多播会话。

3. 应用场景

IPv6组播技术有效地解决了单点发送多点接收的问题，实现了IPv6网络中点到多点的高效数据传送，能够大量节约网络带宽、降低网络负载。

在IPv6网络多媒体业务日渐增多的情况下，组播有着巨大的市场潜力，组播业务也将逐渐得到推广和普及。利用网络的组播特性可以方便地提供一些新的增值业务，包括在线直播、网络电视、远程教育、远程医疗、网络电台、实时视/音频会议、金融应用（股票）等互联网的信息服务等。

3.4.3 任播

1. 概念

任播又被称为泛播、选播、联播，是一种网络寻址和路由的策略，任播地址与组播地址类似，同样是多个节点共享一个泛播地址，不同的是，只有一个节点期待接收给泛播地址的数据包。任播的实现依赖于路由协议和网络基础设置。

2. 任播特点

（1）任播地址是IPv6特有的地址类型，用来标识一组网络接口（通常属于不同的节点），仅用于路由器。

（2）任播地址应用在one-to-nearest（一到近）模式，发往任播的报文只会被发送到最近的一个接口，这里所说的最近是指路由层面上的“最近”。

（3）任播地址与单播地址使用相同的地址空间，因此任播与单播的表示无任何区别。

（4）配置时须明确表明是任播地址，以此区别单播和任播。

［Huawei-GigabitEthernet 0/0/0］ipv6 address 2002:12::1 64 anycast

（5）任播是多个设备共享一个地址，分配IPv6单播（unicast）地址给拥有相同功用的一些设备。发送方发送一个以任播为目标地址的包，当路由器接收到这个包以后，就转发给具有这个地址的离它最近的设备。

（6）单播地址用来分配任播地址，对于那些没有配备任播的地址就是单播地址；但是当一个单播地址分配给不止一个接口的时候，单播地址就成了任播地址。任播地址不能作为源地址使用。

（7）保留子网Anycast地址列表。目前，为保留子网任播地址，定义了任播标识符，如表3-4所示。预计未来还会定义其他任播标识符。

表3-4 任播标识符

Decimal	Hexadecimal	Description
127	7F	Rescription
126	7E	Mobile IPv6 Home-Agent anycast
0-125	00-7D	Reserved

3. 应用场景

任播在许多实际应用中发挥着重要的作用，可以广泛应用于负载均衡、高可用性、近程服务访问和网络路由优化等方面。

首先，任播技术可以用于负载均衡，将请求路由到最近的可用服务器，实现负载均衡。这可以有效地分担网络流量，避免单点故障和过载情况的发生，提高系统的性能和可扩展性。其次，任播技术可以用于提高系统的可用性和稳定性。通过在多个地理位置部署相同的服务并使用任播方式路由请求，即使某个节点发生故障，仍然可以将请求路由到可用的节点上。这可以保证用户在任何时候都能够访问所需的服务，提高系统的可用性和稳定性。最后，任播技术可以用于网络路由优化。在全球网络中，网络路由优化是一项关键任务。通过使用任播技术，可以减少网络延迟和拥塞，提高数据传输速度和质量。这有助于提高整个网络的性能和可靠性，为用户提供更好的服务体验。

3.5 IPv6过渡技术

IPv6取代IPv4是一种必然趋势，但这需要相当长的时间。IPv4向IPv6的过渡不是一次性的，而是逐步地、分层次地。在过渡时期，为了保证IPv4和IPv6能够共存、互通，就需要有良好的转换机制。

目前已经出现了多种过渡技术和互连方案，这些技术各有特点，用于解决不同过渡时期、不同环境的通信问题。在过渡的初期，Internet将由运行IPv4的“海洋”和运行IPv6的“小岛”组成。随着时间的推移，IPv4的海洋将会逐渐变小，而IPv6的小岛将会越来越多，最终完全取代IPv4。过渡初期要解决的问题可以分成两大类：第一类是解决IPv6“小岛”之间互相通信的问题；第二类是解决IPv6的“小岛”与IPv4的“海洋”之间通信的问题。IPv4到IPv6的过渡技术主要有双栈技术、网络地址/协议转换技术和隧道技术。

3.5.1 双栈技术

1. 概念

双栈技术就是使IPv6网络节点具有一个IPv4栈和一个IPv6栈，同时支持IPv4和IPv6协议。IPv6和IPv4是功能相近的网络层协议，两者都应用于相同的物理平台，并承载相同的传输层协议TCP或UDP，如果一台主机同时支持IPv6和IPv4协议，那么该主机就可以和仅支持IPv4或IPv6协议的主机通信。双栈技术的协议结构如图3-7所示。

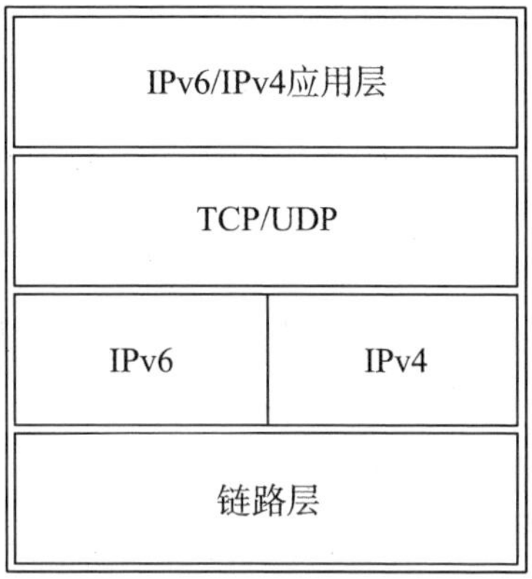

IPv6/IPv4应用层	
TCP/UDP	
IPv6	IPv4
链路层	

图3-7　双栈技术的协议结构图

2. 工作原理

双栈技术要求网络中所有的节点同时支持IPv4和IPv6协议栈，当双栈节点和IPv6节点进行通信时，就像一个纯IPv6节点，而当它和IPv4节点通信的时候，又像一个纯IPv4节点。这类节点在实现中可通过一个配置开关来启用或禁用其中某个栈，因此这类结点有3种操作模式：启用IPv4栈而禁用IPv6栈，节点就像一个纯IPv4节点；启用IPv6栈而禁用IPv4栈，节点就像一个纯IPv6节点；同时启用IPv4栈和IPv6栈的时候，该节点可以同时使用这两种IP协议版本。在源节点向目标节点发送数据时，首先应确定使用的是网络层哪个版本的协议，即是使用IPv4协议还是IPv6协议，源节点主机要向DNS查询，若DNS返回IPv4的地址，则源节点主机发送IPv4协议的数据，若DNS返回IPv6地址，则源节点主机发送IPv6协议的数据。

3. 双栈技术中节点的工作过程

双IP协议栈可以在一台主机中，也可以在一台路由器中，这类系统可以收发IPv4和IPv6两种IP数据报。拥有双栈协议的终端节点在工作的时候，首先将在物理层截获下来的信息提交给数据链路层，在MAC层对收到的帧进行分析，此时便可以根据帧中的相应字段区分是IPv4数据包还是IPv6数据包，处理结束后继续向上层递交，网络层（IPv4/IPv6共存）根据从底层传输上来的数据包做相应的处理（判断是IPv4包还是IPv6包），处理结束后继续向上递交给传输层并进行相应的处理，直至上层用户的应用。

与单协议栈相比，双栈主机的层与层之间都是利用套接字（Socket）来建立连接的。两个协议栈并行工作的主要困难在于需要同时处理两套不同的地址方案。首先，双协议栈技术应该能独立地配置IPv4和IPv6的地址，双栈节点的IPv4地址能使用传统的动态配置（DHCP）或手动配置的方法来获得，IPv6的地址应能手动配置；其次，采用双协议栈还要解决域名服务器（DNS）问题。现有的32位域名服务器不能解决IPv6使用的128位地址命名问题。为此，IETF定义了一个IPv6下的DNS标准RFC1886，该标准定义了“AAAA”型的记录类型，用以实现主机域名与IPv6地址的映射。

具有双栈的网络中间节点工作过程中包含下述四种情况：

（1）若应用程序目的地址使用的是IPv4地址，则使用IPv4协议栈。

（2）若应用程序目的地址使用的是IPv6地址，则使用IPv6协议栈。

（3）若应用程序使用的目的地址是兼容IPv4地址的IPv6地址，则仍然使用IPv4协议，需要将IPv6分组封装在IPV4分组中。

（4）若应用程序使用域名地址作为目的地址，则会首先提供支持IPv4和IPv6记录的解析器，向网络中的DNS服务器请求解析服务，得到对应的IPv4或IPv6地址，再依据获得地址的情况进行相应的处理。

双栈网络构建了一个基础设施，框架中路由器启用了IPv4和IPv6转发。各节点需要同时支持IPv4和IPv6协议栈，这意味着要同步存储的所有表（如路由表），还要为这两种协议配置路由协议。IPv4网络和IPv6网络之间通过IPv4/IPv6协议转换路由器进行连接，双栈技术拓扑结构如图3-8所示。

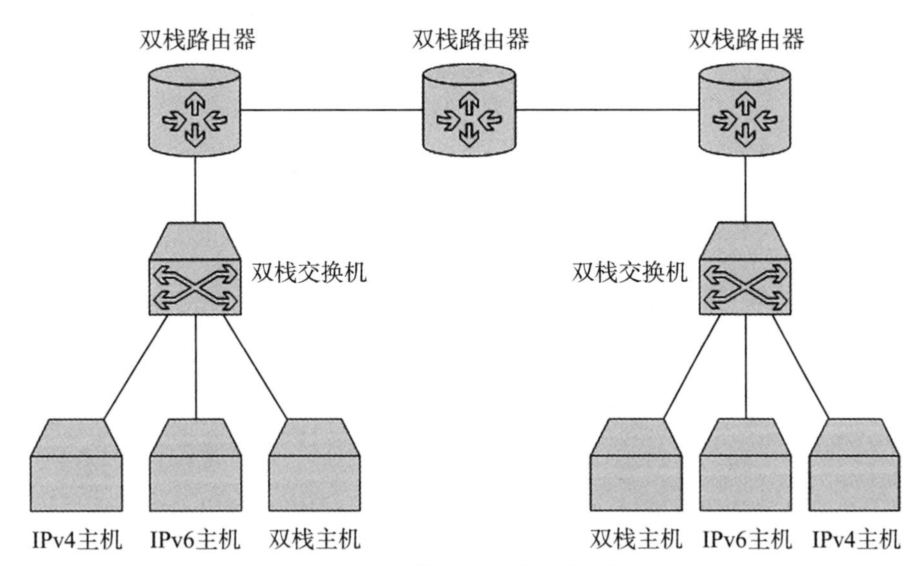

图3-8 双栈技术网络拓扑结构

4. 优缺点

（1）优点。双栈技术的优点是概念清晰，易于理解，网络规划相对简单，同时在IPv6逻辑网络中可以充分发挥IPv6协议的所有优点，如安全性、路由约束、流的支持等。

（2）缺点。需要给每个允许IPv6协议的网络设备和终端分配IPv4地址，无法解决IPv4地址匮乏问题，并且网元设备要求较高，网络升级改造将牵涉到网络中的所有网元设备，增加了网络的复杂度。在IPv6网络建设初期，由于IPv4地址尚未分配完，这种方案是可行的，而IPv6网络发展到目前阶段，为每个节点分配两个协议栈地址是很难实现的。从IPv6过渡的角度看，双栈技术难以有效推动网络和用户向IPv6过渡。虽然网络设备和终端用户都支持双栈，但是用户的网络访问需求仍将停留在IPv4，互联网内容提供商会针对用户需求，提供更丰富更有吸引力的IPv4服务，导致运营商耗费巨大投资建设的IPv6网络流量小、利用率低。

3.5.2 网络地址/协议转换技术

1. 概念

网络地址转换/协议转换（Network Address Translation- Protocol Translation，NAT-PT）技术，是一种将SIIT（Stateless IP/ICMP Translation，无状态IP/ICMP翻译）协议转换和IPv4网络中地址翻译（NAT）结合起来的技术。它利用了SIIT的工作机制，同时又采用了传统的IPv4网络下的NAT技术，也就是说在IPv4与IPv6之间进行地址转换的同时，还必须在IPv4数据报和IPv6数据报之间进行协议（报头和语义）的翻译，动态地给访问IPv4节点的IPv6节点分配IPv4地址，很好地解决了SIIT技术中全局IPv4地址池规模有限或耗尽的问题。

2. 组成

NAT-PT技术包括地址、协议在内的转换工作都由网络设备来完成。支持NAT-PT的网关路由器应具有IPv4地址池，在从IPv6向IPv4域中转发包时使用，地址池中的地址是用来转换IPv6报文中的源地址的。NAT-PT协议转换网关又称为NAT-PT翻译网关，一般被配置在边界路由器上，用来连接IPv4网络和IPv6网络，负责IPv4和IPv6网络地址和协议的翻译工作，实现在只安装IPv6的节点和只安装IPv4的节点之间的网络通信。

3. 工作原理

NAT-PT工作原理如图3-9所示。

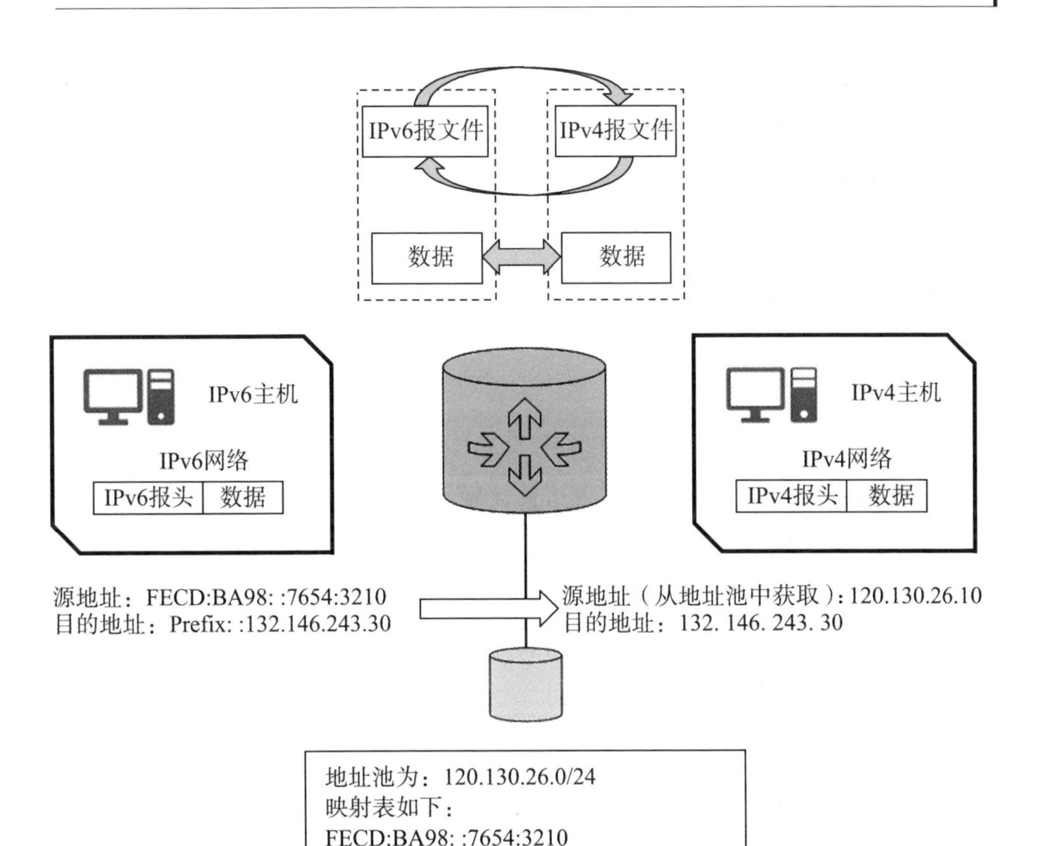

图3-9　NAT-PT的基本工作原理

NAT-PT处于IPv4和IPv6网络的交界处，当IPv6主机A要和IPv4主机B进行通信时，它将向主机B发送IPv6数据包，其源地址为FECD:BA98::7654:3210，目的地址为Prefix::132.146. 243.30，前缀Prefix由管理员指定。数据包被路由到NAT-PT后，再被转换成IPv4的数据包，在转换的过程中，NAT-PT会从地址池中找一个IPv4的地址来作为IPv6数据包中源地址FECD:BA98::7654:3210的映射，以维持所建立起来的会话，现假如这个IPv4的地址为120.130.26.10，这样，IPv6数据包经过NAT-PT转换变为IPv4数据包，其源地址为120.130.26.10，目的地址直接去掉前缀变为132.146.243.30，然后再被路由到主机B。在此转换的过程中，NAT-PT会将IPv6地址与IPv4地址的映射关系保存到映射表中。当主机B对上面的请求进行应答时，其返回应答的数据包的源地址和目的地址分别为132.146.243.30和120.130.26.10。该数据包被转发到NAT-PT时，由于NAT-PT保存了IPv6地址与IPv4地址的映射关系，因而会根据这一映射关系将IPv4数据包转换成IPv6数据包，数据包的源地址和目的地址分别为Prefix::132.146.243.30和FECD:BA98::7654:3210。通过以上过程，就完成了从IPv6网络中IPv6主机A发起的与IPv4网络中的IPv4主机B的通信。

4. 优缺点

NAT-PT技术的最大优点就是不需要进行IPv4、IPv6节点的升级改造。缺点是IPv4节点访问IPv6节点的实现方法比较复杂，由于网络设备进行协议转换、地址转换的处理开销较大，所以一般在其他互通方式无法使用的情况下使用。

3.5.3 隧道技术

1. 概念

隧道技术（Tunneling）是一种通过使用互联网络的基础设施在网络之间传递数据的方式。使用隧道传递的数据（或负载）可以是不同协议的数据帧或包。隧道协议将其他协议的数据帧或包重新封装，然后通过隧道发送。新的帧头提供路由信息，以便通过互联网传递被封装的负载数据。

随着IPv6网络的发展，出现了许多局部的IPv6网络。利用隧道技术，可以通过运行IPv4的Internet骨干网络（即隧道），将局部的IPv6网络连接起来，因而它是IPv4向IPv6过渡初期最易于采用的技术。

隧道类似于点到点的连接。这种方式能够使来自许多信息源的网络业务在同一个基础设施中通过不同的隧道进行传输。隧道技术使用点对点通信协议代替了交换连接，通过路由网络来连接数据地址。隧道技术允许授权移动用户或已授权的用户在任何时间、任何地点访问企业网络。隧道的入口和出口是隧道的两个端点，它们可以是路由器，也可以是主机，但必须都是双协议栈的节点。

2. 作用

通过隧道的建立，可实现：

（1）将数据流强制送到特定的地址。

（2）隐藏私有的网络地址。

（3）在IP网上传递非IP数据包。

（4）提供数据安全支持。

3. 实现过程

（1）隧道入口节点（封装路由器）创立一个用于封装的IPv4报文头，并传送给被封装的分组。

（2）隧道出口节点（解封装路由器）接收此被封装的分组，如果需要重新组装此分组，就移去IPv4报文头，并处理收到的IPv6分组。

（3）封装路由器需要为每个隧道记录维持软状态信息，如隧道最大传输单元（Maximum Transmission Unit，MTU）信息等，以便处理转发的IPv6分组进隧道。

具体封装过程如图3-10所示。

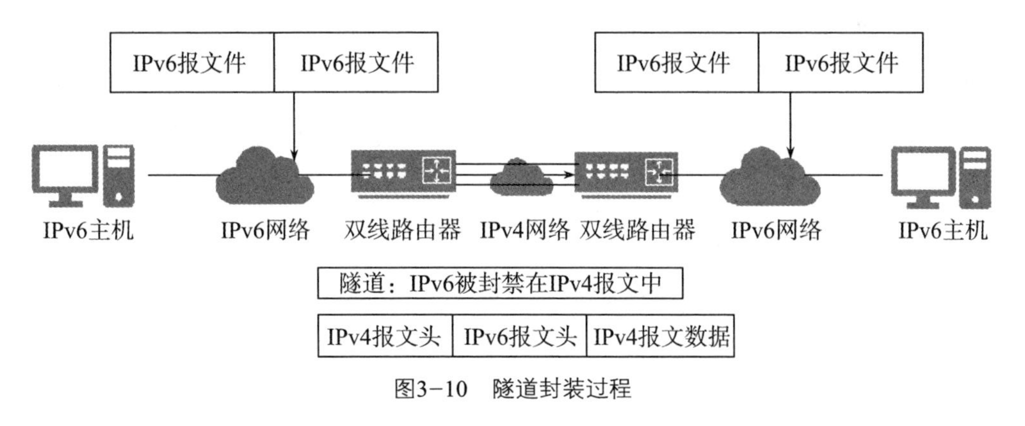

图3-10 隧道封装过程

4. 分类

根据实现方式的不同，IPv6隧道技术可分为手工配置隧道和自动配置隧道两类。

自动配置隧道是动态地建立和拆除，并且根据分组的目的地址来确定端点地址，常用于单独的主机或者不经常通信的站点之间。自动隧道通常有隧道代理、6 to 4、ISATAP、6 over 4等方式。

（1）手工配置隧道技术

手工配置隧道技术是指由处在隧道端点的网络管理员对于两端的IPv4源地址和目标地址进行手工配置，隧道起点必须存储和维护每一个隧道终点的IPv4地址信息，常用于经常通信的站点之间。手工配置隧道技术目前主要有IPv6配置隧道和GRE over IPv4隧道。

IPv6配置隧道是一种应用最早、最成熟和最广泛的过渡技术，通过手工配置隧道的出口和入口地址，在入口节点处将IPv6数据包封装在IPv4数据包中，然后通过IPv4网络传输到出口处，最后在出口节点进行解封装，这样就为处于不同的IPv6网络中IPv6节点通过IPv4网络提供一条互通的隧道。这种配置隧道技术要求隧道的出口和入口至少具有一个全球唯一的IPv4地址，出口和入口的路由器需要支持双栈协议，网络中的每台主机都需要支持IPv6，需要合法的IPv6地址。隧道只起到了物理通道的作用，可以在此隧道上传输组播、设置BGP对等体等。

GRE（Generic Routing Encapsulation，通用路由封装）隧道是一种配置隧道，它属于两点之间的协议，每条链路都是一条单独的隧道。隧道把IPv6协议称为乘客协议，把GRE称为承载协议。所配置的IPv6地址是在Tunnel接口上配置的，而所配置的Tunnel地址是Tunnel源地址和目的地址，也就是隧道的起点和终点。GRE隧道主要用于两个边缘路由器或终端系统与边缘路由器之间定期安全通信的稳定连接。边缘路由器与终端系统必须实现双栈。

（2）自动配置隧道技术。自动配置隧道是动态地建立和拆除，并且根据分组的目的地址来确定端点地址，常用于单独的主机或者不经常通信的站点之间。自动配置隧道通常有6 over 4、隧道代理、6 to 4、ISATAP等方式。

6 over 4过渡技术是一种自动建立隧道的机制，这种机制所建立的隧道是一种虚拟的非显式的隧道，具体来说，就是利用IPv4多播机制来实现虚拟链路，在IPv4的多播域上承载IPv6链路本地地址，IPv6的链路本地地址映射到IPv4多播域上，采用邻居发现的方法来确定这种隧道端点的IPv4地址。6 over 4隧道工作机制如图3-11所示。

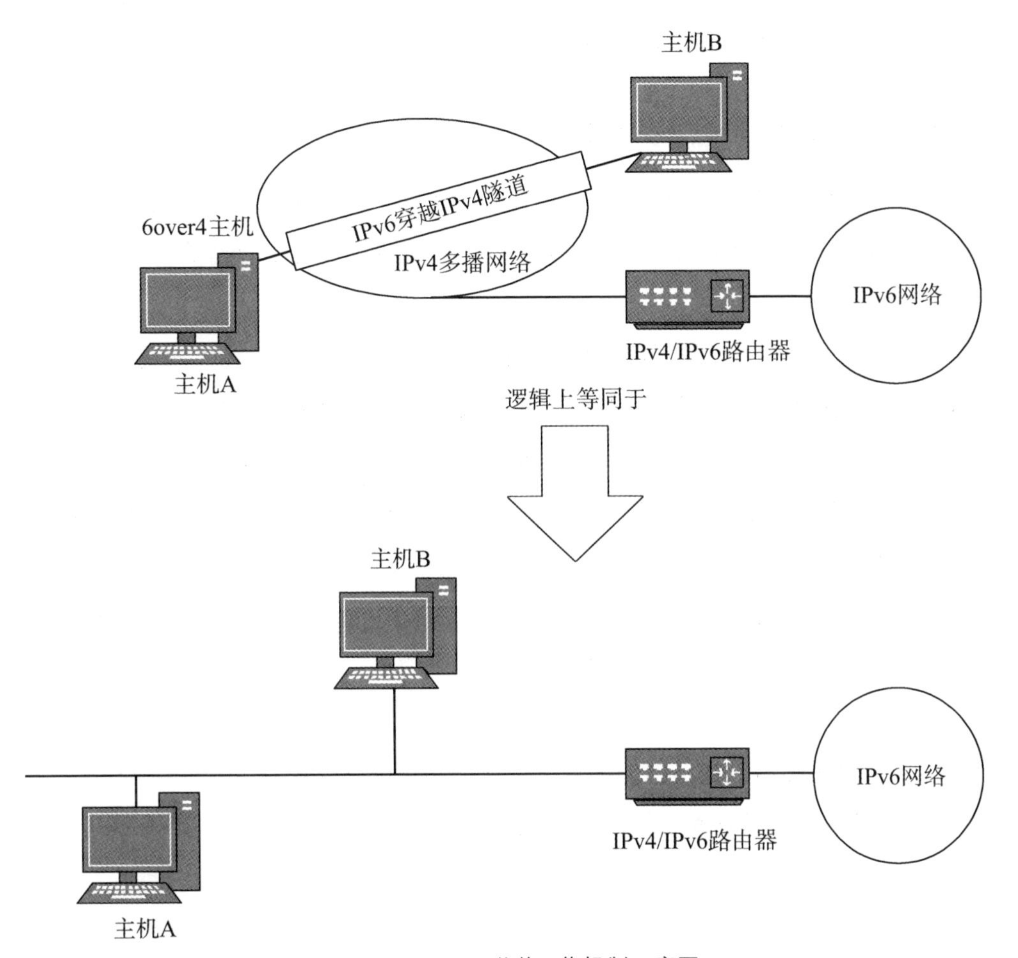

图3-11 6 over 4隧道工作机制示意图

6 over 4与手工配置隧道不同的是，它不需要任何地址配置；另外，它也不要求使用IPv4兼容的IPv6地址，但是采用这种机制的前提就是IPv4网络基础设施必须支持IPv4多播。这里的IPv4多播域可以是采用全球唯一的IPv4地址的网络，或是一个私有的IPv4网络的一部分。

6 over 4机制适合于IPv6路由器没有直接连接的物理链路上的孤立的IPv6主机，使得它们能够将IPv4广播域作为它们的虚拟链路，成为功能完全的IPv6站点。

6 over 4隧道工作机制如图3-11所示，主机A和主机B通过IPv6 over IPv4隧道连接，它们所穿过的网络是支持多播的IPv4网络。如果需要与外部IPv6

网络通信，通过IPv6/IPv4双栈路由器完成。

3.5.4 IPv4/IPv6过渡技术比较

三种IPv6过渡技术都具有各自的优点也存在不同的弊端，需要从周期性、实现成本、技术难度、部署便捷性以及运维难度等多方面综合考虑。

1. 从部署上

（1）双栈技术难以大规模部署。主要是因为该技术需要较大的设备和运维投入、无法解决IPv4地址紧缺问题、不支持IPv4与IPv6互操作。

（2）网络地址/协议转换技术虽然从网络层面实现了IPv4到IPv6互通，但因为端到端特性破坏/地址空间不对称等问题，导致可扩展性/异构寻址/应用层翻译/4=>6无可行方案。

（3）隧道技术相对可行性高，可扩展性强。透明化隧道技术可维护端到端特性、对上层应用透明性，实现简单，部署容易，运维开销小。

2. 从应用上

需结合实际需求在不同的场景下选择不同的过渡技术。

（1）对于新建业务系统的场景，推荐采用双栈技术，同时支持IPv4和IPv6；

（2）对于多个孤立IPv6网络互通的场景，如多个IPv6数据中心的互联，可以采用隧道技术，将IPv6数据封装到IPv4网络上传输，以减少部署的成本和压力；

（3）对于已经上线的业务系统，可以采用地址协议转换技术，低成本，快捷实现。

练习题

一、选择题

1. 在IPv6中，使用（　　）位二进制数表示一个IP地址。

A. 32　　　　B. 128

C. 137　　D. 256

2. 下列不属于IPv4过渡到IPv6技术的是（　　）

A. 双栈技术　　B. 区块链技术

C. 隧道技术　　D. 地址转换技术

3. 以下属于合法IPv6地址的是（　　）

A. 5ffe::8　　B. 1FFE::D74::3800

C. ::::2　　D. ::192.168.256.1

二、简答题

1. IPv6地址分为几类？各自的应用范围和特点是什么？

2. 比较三种IPv6过渡技术的区别。

3. 描述IPv6的数据报头由哪几部分构成，以及各部分的功能。

第4章 下一代互联网传输层协议

互联网技术的不断发展和应用场景的日益丰富，对互联网传输层协议的需求不断提高。传统的TCP/IP传输层协议虽然已经取得了巨大的成功，但随着互联网应用的广泛和深入，其不足之处也日益显现。因此，研究下一代互联网传输层协议具有重要意义。下一代互联网传输层协议旨在解决传统协议面临的“队头阻塞和传输时延增大、无法提供对多宿主主机的透明支持、不允许高层应用设定协议参数”等问题，提供更快、更可靠、更安全、更灵活的网络连接和数据传输服务。该协议可以进一步提高网络性能、增强数据传输的可靠性和安全性，更好地支持不断增长的网络需求和多样化的应用场景。

本章主要从基本概念、协议功能以及工作原理等方面讲述SCTP、CMT-SCTP和MPTCP三种协议，并从数据传输、路径管理等方面对三种协议进行性能比较。

能力目标

掌握SCTP协议的作用与特点。

掌握SCTP协议的偶联过程。

了解SCTP协议的应用领域。

了解CMT-SCTP协议的特点和功能。

掌握CMT-SCTP协议的工作原理。

了解MPTCP协议的设计原则。

掌握MPTCP协议的功能以及工作原理。

能对SCTP、CMT-SCTP和MPTCP三种协议进行对比分析。

知识结构

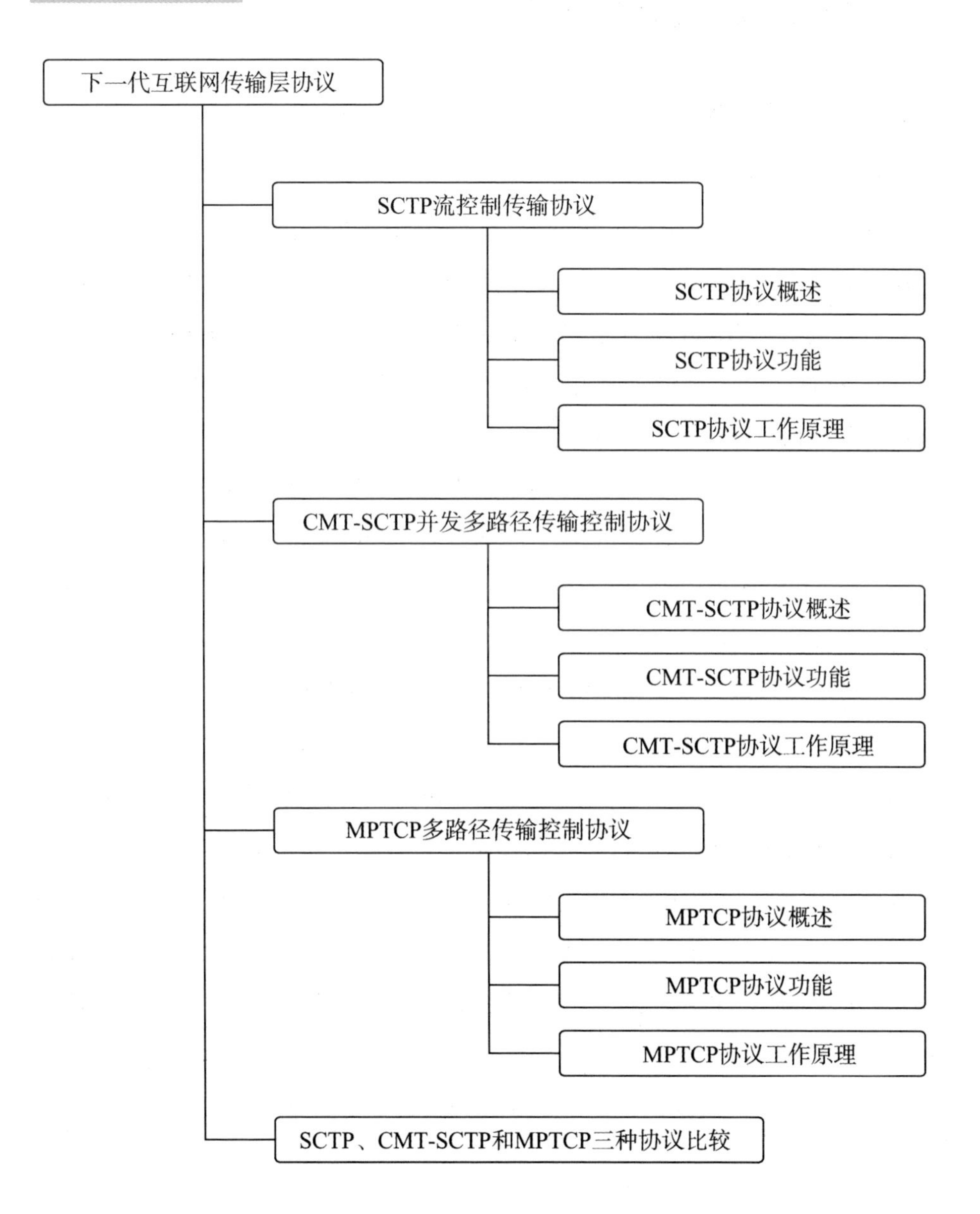
下一代互联网传输层协议
SCTP流控制传输协议
SCTP协议概述
SCTP协议功能
SCTP协议工作原理
CMT-SCTP并发多路径传输控制协议
CMT-SCTP协议概述
CMT-SCTP协议功能
CMT-SCTP协议工作原理
MPTCP多路径传输控制协议
MPTCP协议概述
MPTCP协议功能
MPTCP协议工作原理
SCTP、CMT-SCTP和MPTCP三种协议比较

4.1 SCTP流控制传输协议

4.1.1 SCTP协议概述

1. SCTP的概念

SCTP（Stream Control Transmission Protocol）流控制传输协议是IETF（Internet Engineering Task Force，因特网工程任务组）在2000年定义的传输流控制协议。SCTP协议主要用于在IP网中传送PSTN（Public Switched Telephone Network，公共交换电话网络）的信令消息，同时，SCTP协议还可以用于其他信息在IP网中的传送。

SCTP最初被设计用于IP上传输电话协议（SS7，Signalling System #7，七号信令系统），后期又借鉴SS7信令网网络的一些可靠特性，将SCTP引入IP网络中。SCTP位于应用层和无连接网络业务层之间，这种无连接的网络可以是IP网络或者其他网络。SCTP协议主要是运行在IP网络上，它通过在两个SCTP端点间建立的偶联，来为两个SCTP用户之间提供可靠的消息传送业务。

TCP是一种基于连接的可靠传输协议，存在队头阻塞、实时性差、支持多归属困难、易受拒绝服务DOS（Denial of Server）攻击等缺陷。UDP是一种无连接的不可靠传输协议，无法满足信令对传输质量的要求。SCTP协议兼具二者优点，既能够在传输层提供类似于TCP的可靠传输服务，又具备UDP协议简单、高效的特点，这些特性使SCTP协议的性能远远超过了TCP和UDP，也使得SCTP得到了广泛的研究和应用。SCTP与TCP、UDP的特性比较如表4-1所示。

表4-1　SCTP与TCP、UDP协议特性比较

协议特性	SCTP	TCP	UDP
是否面向连接	√	√	
可靠数据传输	√	√	
拥塞控制和避免	√	√	

续表

协议特性	SCTP	TCP	UDP
消息边界保留	√		√
消息捆绑	√	√	
支持多宿主协议	√		
发现通路MTU及消息分段	√	√	
支持多流机制	√		
数据的无序递交	√		√
支持COOKIE安全验证机制	√		

SCTP最大的特点是对多宿主特性的支持，使得一个接入设备可以支持多个IP地址同时接入网络，从而可以在主机之间增加额外的容错备份链路。SCTP的上层是SCTP用户应用，下层是分组网络，其所在的具体位置如表4-2所示。

表4-2 SCTP所处的位置

<table>
<tr><td colspan="3">Application user</td><td rowspan="3">Q.931</td><td rowspan="4">H.248</td></tr>
<tr><td colspan="2">SCCP</td><td rowspan="3">SUA</td></tr>
<tr><td>MTP3</td><td rowspan="2">M3UA</td></tr>
<tr><td>M2UA</td><td>IUA</td></tr>
<tr><td colspan="5">SCTP 传输层</td></tr>
<tr><td colspan="5">IP 网络层</td></tr>
<tr><td colspan="5">MAC 链路层</td></tr>
</table>

2. SCTP的协议规格

SCTP数据报由协议头和多个数据块组成，如表4-3所示。协议头长度固定，其它块的长度不定，但每个块的起始位置的偏移量（以字节为单位）均为4的整数倍，这就意味着每个块的长度为4的整数倍，因此需要在每个块的后面加入0～3个字节的填充空位。

表4-3　SCTP协议规格

<table>
<tr><th>位</th><th>0～7</th><th>8～15</th><th>16～23</th><th>24～31</th><th></th></tr>
<tr><td>0</td><td colspan="2">源端口号</td><td colspan="2">目的端口号</td><td rowspan="3">协议头</td></tr>
<tr><td>32</td><td colspan="4">验证标签</td></tr>
<tr><td>64</td><td colspan="4">校验和</td></tr>
<tr><td>96</td><td colspan="4" rowspan="2">用户数据块0</td><td></td></tr>
<tr><td>128</td><td></td></tr>
<tr><td>…</td><td colspan="4" rowspan="3">用户数据块1</td><td></td></tr>
<tr><td>…</td><td></td></tr>
<tr><td>…</td><td></td></tr>
<tr><td>…</td><td colspan="4">…</td><td></td></tr>
<tr><td>…</td><td colspan="4" rowspan="3">用户数据块n</td><td></td></tr>
<tr><td>…</td><td></td></tr>
<tr><td>…</td><td></td></tr>
</table>

（1）协议头。SCTP协议头由源端口号、目的端口号、验证标签、校验和四部分组成。长度为12字节，第1、2字节是源端口号，3、4字节是目标端口号，5～8字节是验证标记，9～12字节是校验位。SCTP的公共协议头相比TCP较为简单，原因是SCTP将其控制指令通过控制块来传递，而不是放在协议头中。

① 源端口号。源端口号是16位无符号整数，用来识别SCTP发送方的端口号码。

② 目的端口号。目的端口号也是16位无符号整数，用来确定分组的去向。

③ 验证标签。验证标签是32位无符号整数，用于接收端判断报文的发送端身份。在此后的通信中，所有的报文都会携带此验证标签，如果发现携带的验证标签与对应端口不一致，该报文将被丢弃。

④ 校验和。校验和是32位无符号整数，用来对报文进行检验，以确认收

到了正确的报文，进而提高数据传输的可靠性。

（2）块（Chunk）。块是SCTP特有的消息格式，如表4-4所示，块主要由类型、标记位、长度和值组成，其中，类型和标志位各占1个字节，长度占2个字节。标志位和块长度字段用来指示每个块的长度。

表4-4　SCTP块规格

<table>
<tr><th>位</th><th>0～7</th><th>8～15</th><th>16～31</th></tr>
<tr><td>96</td><td>类型</td><td>标志位</td><td>长度</td></tr>
<tr><td>128</td><td colspan="3" rowspan="2">值</td></tr>
<tr><td>…</td></tr>
</table>

SCTP的块分为数据块（Data Chunk）和控制块（Control Chunk）。数据块指的是用户数据消息，控制块主要用来传输和控制与状态相关的信息，使用SCTP来进行通信的终端可以根据块类型来判断如何操作。主要的块类型如表4-5所示。

表4-5　类型字段值与块类型对应关系表

类型值	块类型	类型值	块类型	类型值	块类型
0	数据块（DATA）	8	关闭确认块（SHUTDOWN ACK）	63	为IETF定义的扩展块保留
1	初始化块（INIT）	9	错误块（ERROR）	64～126	保留
2	初始化确认块（INIT ACK）	10	状态cookie（COOKIER ECHO）	127	为IETF定义的扩展块保留
3	选择性确认块（SACK）	11	cookie确认块（COOKIER ACK）	128～190	保留
4	心跳请求块（HEARTBEAT）	12	为拥塞通知保留	191	为IETF定义的扩展块保留

续表

类型值	块类型	类型值	块类型	类型值	块类型
5	心跳确认块（HEARTBEAT ACK）	13	为拥塞窗口减少保留	192～254	保留
6	中断块（ABORT）	14	关闭完成块（SHUTDOWN COMPLETE）	255	为IETF定义的扩展块保留
7	关闭块（SHUTDOWN）	15～62	保留	备注：ID类型为0属于数据块，ID类型1～14为控制块	

3. SCTP的相关术语

（1）传送地址。SCTP传送地址由IP地址和SCTP端口号决定。其中，SCTP端口号用来识别同一地址上的用户，与TCP端口号是同一个概念。例如，IP地址12.103.35.83和SCTP端口号1023标识了一个传送地址，而12.103.35.84和1023则标识了另外一个传送地址，同样，12.103.35.83和端口号1024也标识了一个不同的传送地址。

（2）主机和端点。主机是一个物理实体，配有一个或多个IP地址。端点是SCTP分组中逻辑的接收方或发送方，在一个多归属的主机上，一个SCTP端点可以由对端主机表示为SCTP分组可以发送到的一组合格的目的地传送地址，或者是可以收到SCTP分组的一组合格的起源传送地址。一个SCTP端点使用的所有传送地址必须使用相同的端口号，但可以使用多个IP地址。SCTP端点使用的传送地址必须是唯一的。

（3）偶联和流。

① 偶联（Association）。SCTP偶联是指SCTP端点之间的连接关系。一个偶联可以由该SCTP端点所使用的传送地址进行唯一标识。两个SCTP端点之间同时只能有一个偶联，这意味着在两个端点之间虽然可以绑定多个IP地址，但同时只能有一个活动的IP地址用于数据传送。SCTP的偶联需要通过四次握手建立，如图4-1所示。

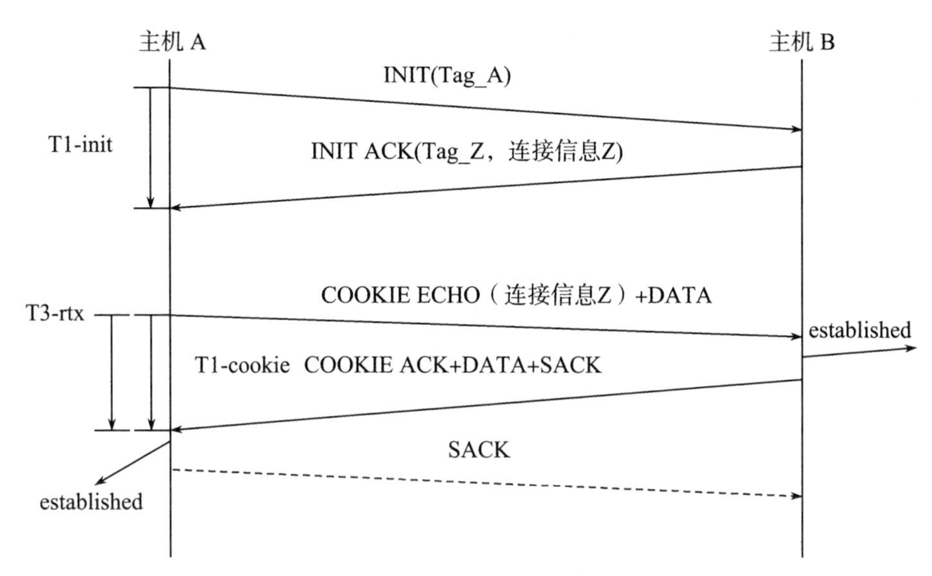

图4-1 SCTP偶联四次握手

SCTP四次握手需要INIT、INIT ACK、COOKIE ECHO、COOKIE ACK4个消息交互。和TCP的三次握手建立连接相比，SCTP的偶联能够提高传输的安全性，数据只有在建立偶联之后和关闭偶联之前才可发送。SCTP偶联通过三次握手关闭，但不支持类似TCP的半关闭连接，也就是在任何一方关闭偶联后，对方不再发送数据。SCTP使用“偶联”一词代替了TCP的“连接”，其目的就是为了避免混淆。

② 流（Stream）。流是一种序列，用来指示需要按照顺序递交到高层协议的用户消息，在同一个流中的消息需要按照顺序进行递交。严格地说，“流”是一个SCTP偶联中从一个端点到另一个端点的单向逻辑通道。SCTP端点A和SCTP端点B的流向如图4-2所示。

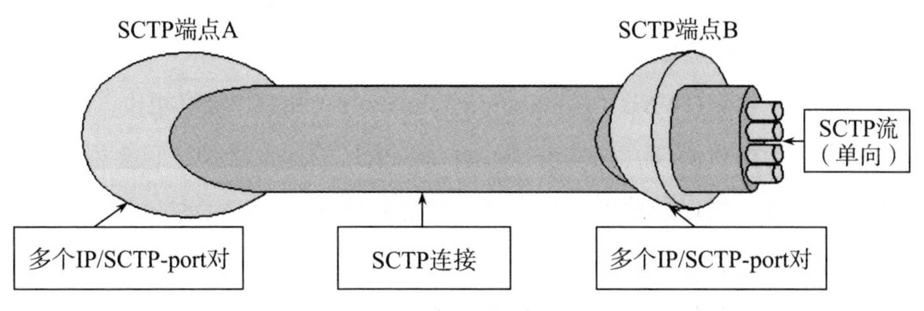

图4-2 SCTP端点A与端点B流向图

③ 一个偶联是由多个单向的流组成的，各个流之间相对独立，通常使用流ID进行标识，每一个流可以单独发送数据并不受其他流的影响。SCTP偶联中可以建立多条流，流间的消息也不需要关心顺序问题，这样可以避免队头拥塞。一个偶联中可以包含多个流，希望顺序传递的数据必须在一个流里面传输。

④ 通路（Path）和首选通路（Primary Path）。通路是一个端点将SCTP分组发送到对端端点特定目的传送地址的路由，如果分组发送到对端端点不同的目的传送地址时，不需要配置单独通路。

在SCTP中，首选通路是默认情况下目的地址、源地址在SCTP分组中发到对端端点的通路。当一个偶联的两个SCTP端点都可以配置多个IP地址时，这两个端点之间就具有多条通路，这就是SCTP偶联的多地址性。一个偶联包括的多条通路中，只有一个首选通路。

（4）传输顺序号（TSN）和流顺序号（SSN）

① 传输顺序号TSN（Transmission Sequence Number）。在SCTP偶联的一端为本端发送的每个数据块顺序分配一个基于初始TSN的32位顺序号，以便对端收到时进行确认。TSN是基于偶联维护的。

② 流顺序号SSN（Stream Sequence Number）。SSN基于流维护，在SCTP偶联的每个流内，为本端在这个流中发送的每个数据块顺序分配一个16位顺序号，以保证流内的顺序传递。

TSN和SSN的分配是相互独立的。此外，SCTP还定义了无序消息。如果消息带有无序标志，则不论它在哪个流中（在具体实现中，数据块中的Steam ID不被解析），只要被正确接收，都提交给ULP（Upper Layer Protocol高层协议），从而实现和流无关的无序递交，具有更好的灵活性。

（5）拥塞窗口CWND（Congestion Window）。和TCP协议相比，SCTP同样是一个滑动窗口协议，拥塞窗口针对每一个目的地址维护，它会根据网络状况进行调节。当目的地址发送未证实消息长度超过CWND时，端点将停止向目的地址发送数据。

（6）接收窗口RWND（Receive Window）。RWND用来描述一偶联对端

的接收缓冲区大小。偶联建立过程中，双方会交换彼此初始RWND，RWND会根据数据发送、证实的情况即时变化。RWND的大小限制了SCTP可以发送的数据的大小。当RWND等于0时，SCTP还可以发送一个数据报，以便通过证实消息得知对方缓冲区的变化，直到达到CWND的限制。

（7）传输控制块TCB（Transmission Control Block）。TCB用于封装传输数据的数据结构。TCB数据块包含了数据发送双方对应的Socket信息以及拥有装载数据的缓冲区。

（8）多流（Multi-streaming）。SCTP偶联中的Stream（流）用来表示需要按顺序递交到高层协议用户消息序列，同一个Stream中的Msg（消息）需要按照顺序进行递交。严格地说，Stream就是一个SCTP偶联、一个Endpoint到另一个Endpoint的单向逻辑通道。一个偶联由多个单向的Stream组成，如图4-3所示。

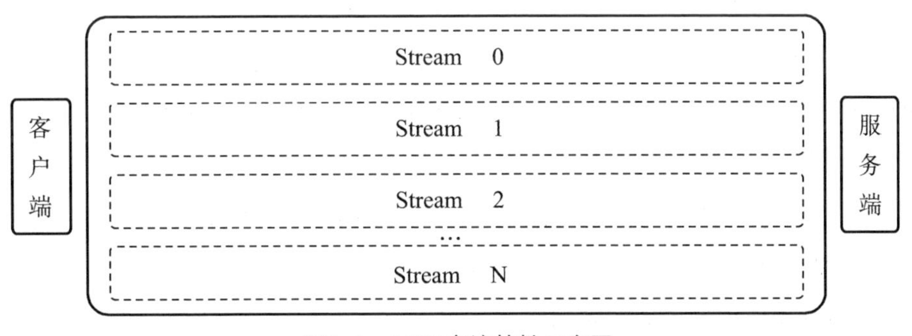

图4-3 SCTP多流特性示意图

SCTP偶联中可用的Stream数量是在建立SCTP偶联时由双方端点协商决定的，但一个Stream只能属于一个SCTP偶联。SCTP报文会在不同的Stream内发送，这就是“流控制传输协议”名称的由来。

4.1.2 SCTP协议功能

SCTP将TCP和UDP的优点结合在一起，具有面向连接的特点，为不可靠的IP提供了可靠的保障。SCTP具有多流、多宿主的机制，所以在面向连接的过程称为偶联。SCTP协议可分解为多个独立的功能性模块，如图4-4所示。

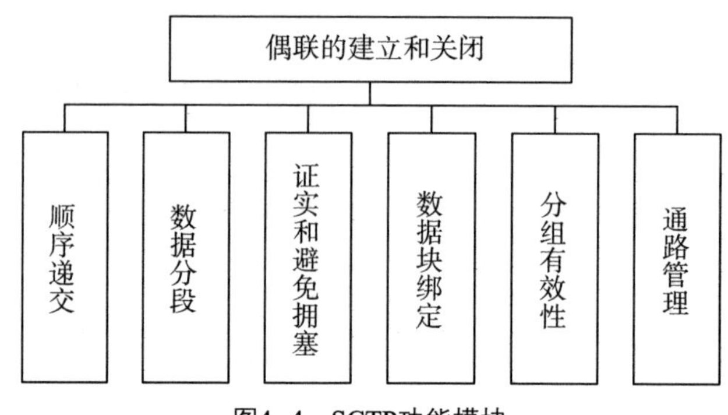

图4-4 SCTP功能模块

一次偶联建立后，实现偶联的建立和关闭、流内消息顺序递交、用户数据分段、证实和避免拥塞、消息块绑定、分组的有效性和通路管理等功能。

1. 建立和关闭

用户端发出连接请求，建立偶联。为了安全考虑，避免网络中的非法攻击，在建立偶联的同时，要启动COOKIE安全机制。

释放偶联有两种方法，一种是SCTP用户发去关闭连接的请求，执行关闭偶联程序，连接随即释放；二是当SCTP协议检测网络存在差错时，执行偶联关闭程序，连接随即释放。

需要注意的是，当偶联关闭之后，SCTP用户端与服务器端不再发送数据。但是，已经存在于队列中的数据要发送完毕。

2. SCTP流内消息的顺序递交

SCTP提供数据报的顺序传递，顺序传递的数据包必须放在一个“流”中。SCTP使用TSN机制实现数据的确认传输，使用流号和SSN流顺序号实现数据的有序递交。当SCTP收到数据的SSN连续的时候，SCTP就可以将数据向SCTP用户递交，而不用等到数据的TSN号连续以后才向SCTP用户递交。

当一个流被闭塞时，期望下一个连续的SCTP用户消息可以从此外的流上进行递交。SCTP也提供了非顺序递交的业务，接收到的用户消息可以使用这种方式递交到SCTP用户，而不需要保证其接收顺序。

3. 用户数据分段

IP和SCTP支持的最长数据都是65535字节，SCTP通过对传送通路上最大

PMTU（Path Maximum TransmissiON Unit，路径最大传输单元）的检测，实现了在SCTP层将超大用户数据分片打包，避免在IP层进行多次分片、重组，这样做可以减少IP层数据负担。

在发送端，SCTP可以对较大的用户数据报进行分片来确保SCTP数据报传递到低层时适合通路MTU（Maximum Transmission Unit，最大传输单元）。在接收端，SCTP将分片重组为完整的用户数据报，然后传递给SCTP用户。

4. SCTP证实（确认）和避免拥塞

SCTP为每个分段或者不分段的用户数据消息分配一个传输序列号TSN（Transmission Sequence Number），TSN独立于任何流内序号，尽管接收序列中可能存在接收到的TSN不连续，接收方还会对所有收到的TSN进行确认。采用这种方式，使可靠性的递交功能可以与流的顺序递交相分离。

证实和避免拥塞功能可以在规定时间内没有收到证实的时候负责对分组重发，分组重发功能可以通过拥塞避免程序来调节。

5. SCTP数据块绑定

当长度短的用户数据被带上很大的SCTP消息头时，传递效率会很低。为了避免此问题的发生，SCTP将几个用户数据绑定在一个SCTP报文传输，以提高带宽的利用率。SCTP分组由公共分组头和一个或多个信息块（用户数据或SCTP控制信息）组成，SCTP可以有选择地使用捆绑功能来决定是否将多个用户数据报捆绑在一个SCTP分组中。为了提高效率，拥塞或重发时，即使用户已经禁止捆绑，捆绑功能可能仍被执行。

6. SCTP分组的有效性

SCTP分组的公共分组头包含一个验证标签和一个可选的32位数。验证标签的值由偶联两端在偶联启动时选择，如果收到的分组中没有期望的验证标签值，接收端将丢弃这个分组，以阻挠攻击和失效的SCTP分组。

校验码由SCTP分组的发送方设置，来提供附加的保护，避免由网络造成的数据差错，接收端将丢弃包含无效校验码的SCTP分组。

7. SCTP通路管理

发送端的SCTP用户使用一组传送地址作为SCTP分组的目的地。SCTP通路管理模块根据用户的指令和当前合格的目的地集合的可达性状态，为每一个发送的SCTP分组选择一个目的地来传送地址。当其他分组业务量不能彻底表明可达性时，通路管理功能可以通过心跳消息来监视到某个目的地地址的可达性，并当任何对端传送地址的可达性发生变化时，向SCTP用户提供指示。通路功能也用在偶联建立时，向对端报告合格的本端传送地址集合，并把从对端返回的传送地址报告给本地的SCTP用户。在偶联建立时，为SCTP端点定义首选通路，用在正常情况下发送SCTP分组。在接收端，通路管理模块在处理SCTP分组前，要提前验证入局的SCTP分组属于的偶联是否存在。

4.1.3 SCTP协议工作原理

一个SCTP典型的偶联建立连接分为INIT、INIT ACK、COOKIE ECHO、COOKIE ACK四个阶段，而数据发送主要由DATA、SACK数据块类型完成。

1. 偶联的建立和发送流程

SCTP Endpoint A启动建立偶联，并向Endpoint B发送用户消息，随后Endpoint B向Endpoint A发送用户消息，详细信令流程如图4-5所示。

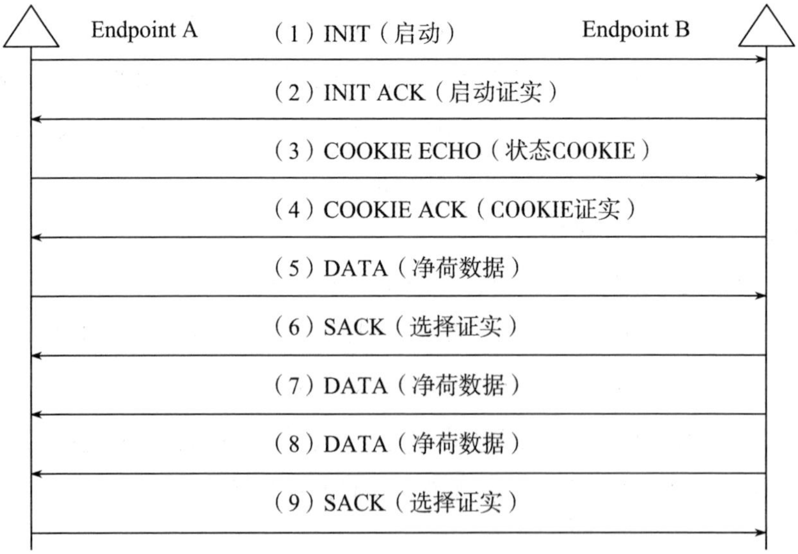

Endpoint A　　Endpoint B

（1）INIT（启动）→

（2）INIT ACK（启动证实）←

（3）COOKIE ECHO（状态COOKIE）→

（4）COOKIE ACK（COOKIE证实）←

（5）DATA（净荷数据）→

（6）SACK（选择证实）←

（7）DATA（净荷数据）←

（8）DATA（净荷数据）←

（9）SACK（选择证实）→

图4-5　偶联建立过程消息交互图

（1）启动（INIT）。该数据块用来启动SCTP端点间的偶联。Endpoint A创建一个数据结构传输控制块来描述即将发起的偶联（包含偶联的基本信息），然后向Endpoint B发送INIT数据块。Endpoint A发送INIT后，启动INIT定时器，并进入COOKIE-WAIT状态。INIT数据块中包含的主要参数如表4-6所示。

表4-6　INIT数据块参数

参数	说明	备注
启动标签（Initiate Tag）	对端验证标签	如设为Tag_A，Tag_A是从1到4294967295中的一个随机数
输出流数量（OS）	本端点期望的最大出局流的数量	
输入流数量（MIS）	本端点允许最大入局流的数量	

对于Endpoint A、Endpoint B而言，当收到对端端点的流信息后，都需要进行相关的检查。假设对端的最大入局流数量比本端端点最大出局的流数量小，这就意味着对端端点不能支持本端端点期望出局流的数量，此时，本端端点可以使用对端端点最大入局流的数量作为本端端点出局流的数量，或者中止偶联并向SCTP用户报告对端端点资源短缺。

（2）启动证实（INIT ACK）。INIT ACK数据块用来确认SCTP偶联的启动。Endpoint B收到INIT消息后，即将用INIT ACK数据块响应，INIT ACK数据块带有的参数如表4-7所示。

表4-7　INIT ACK数据块参数

参数	说明
目的地IP地址	设置成INIT数据块的起源IP地址
启动标签（Initiate Tag）	设置成Tag_B
状态COOKIE（STATE COOKIE）	根据偶联的基本信息生成一个暂时TCB，生成以后，将其中COOKIE生成的时间戳、COOKIE的生命期和一个本端的密钥通过RFC2401描述的算法计算成一个32位的摘要MAC（算法不可逆）。必要信息和MAC组合成STATE COOKIE参数。

续表

参数	说明
本端点传送地址	
最大入局流的数量	
最大出局流的数量	

（3）状态COOKIE ECHO和INIT、INIT ACK共同完成联结的建立过程。COOKIE ECHO消息中包含的COOKIE参数是从INIT ACK消息中原封不动地拷贝进来的。Endpoint A收到INIT ACK，首先停止INIT定时器离开COOKIE-WAIT状态，然后发送COOKIE ECHO数据块，COOKIE ECHO数据块与DATA数据块捆绑在一个SCTP分组中发送，但COOKIE ECHO必须是分组里的第一个数据块。

（4）COOKIE ACK和INIT、INIT ACK共同完成联结的建立过程。COOKIE ACK消息不携带任何消息体。Endpoint B收到COOKIE ECHO数据块后，进行COOKIE验证。将STATE COOKIE中的TCB部分和本端密钥根据RFC2401的MAC算法进行计算，得出的MAC和STATE COOKIE中携带的MAC进行比较。如果不同则丢弃这个消息；如果相同，则取出TCB部分的时间戳，和当前时间比较，看时间是否已经超过了COOKIE的生命期。如果超过，同样丢弃，否则根据TCB中的信息建立一个和端Endpoint A的偶联，Endpoint B将状态迁入建立连接ESTABLISHED（表明两端已经建立连接，可以互相传送数据了），并发出COOKIE ACK数据块。Endpoint B向SCTP用户发送COMMUNCIATION UP通知。

（5）净荷数据。DATA消息主要用来传输具体数据。Endpoint A向Endpoint B发送一个DATA数据块，启动T3-RTS定时器。DATA数据块中必须带有的参数如表4-8所示。

表4-8　Endpoint A发送给Endpoint B的DATA数据块参数

参数	说明
TSN	DATA数据块的初始TSN

续表

参数	说明
流标识符（Stream Identifier）	用户数据属于的流
流顺序码（Stream Sequence Number）	所在流中的用户数据的顺序，其值为0到65535
用户数据（User Data）	携带用户数据净荷

（6）Endpoint B收到DATA数据块后，返回SACK数据块。SACK数据块中必须带有的参数如表4-9所示。

表4-9　Endpoint B返回给Endpoint A的SACK数据块参数

参数	说明
积累证实TSN标签（Cumulative TSN Ack）	端点A的初始TSN
间隔块（Gap Ack Block）	此值为0。端点A收到SACK数据块后，停止T3-RTX定时器

（7）Endpoint B向Endpoint A发送第一个DATA数据块。DATA数据块中必须带有的参数如表4-10所示。

表4-10　Endpoint B发给Endpoint A的第一个DATA数据块参数

参数	说明
TSN	端点B发出DATA数据块的初始TSN
流标识符（Stream Identifier）	用户数据属于的流
流顺序码（Stream Sequence Number）	所在流中用户数据的顺序号码。
用户数据（User Data）	携带用户数据净荷

（8）Endpoint B向Endpoint A发送第二个DATA数据块。DATA数据块中必须带有的参数如表4-11所示。

表4-11　Endpoint B发给Endpoint A的第二个数据块参数

参数	说明
TSN	端点B发出DATA数据块的初始TSN＋1
流标识符（Stream Identifier）	用户数据属于的流，假设流标识符为0

续表

参数	说明
流顺序码（Stream Sequence Number）	所在流中的用户数据的顺序。此时流顺序码为1
用户数据（User Data）	携带用户数据净荷

（9）Endpoint A收到DATA数据块后，返回SACK数据块。SACK数据块中必须带有的参数，如表4-12所示。

表4-12　Endpoint A返回给Endpoint B的SACK数据块中参数

参数	说明
积累证实TSN标签（Cumulative TSN Ack）	端点B的初始TSN
间隔块（Gap Ack Block）	此值为0

2. 偶联关闭流程

当一个Endpoint退出服务时，需要停止它的偶联。偶联停止使用两种流程，即偶联的异常中止和正常关闭流程。

（1）偶联的异常中止。中止意味着非正常关闭，在不考虑数据安全的情况下，可以在任何未完成期间进行，偶联的两端都舍弃数据并且不提交到对端。

偶联的中止步骤：向对端的端点发送中止（ABORT）数据块，发送的SCTP分组中必须填上对端的端点验证标签，而且不在ABORT数据块中捆绑任何DATA数据；接收端点收到ABORT数据块后，进行验证标签检查，如果验证标签与本端验证标签相同，接收端点从记录上清除该偶联，并向SCTP用户报告偶联的停止。

（2）偶联的正常关闭流程。任何一个端点执行正常关闭程序时，偶联的两端将停止接受从SCTP用户层发来的新数据，并且在发送或接收到SHUTDOWN数据块时，把分组中的数据递交给SCTP用户。偶联的关闭可以保证所有两端的未发送和发送未证实的数据得到发送和证实后再终止偶联。偶联正常关闭消息交互如图4-6所示。

图4-6 偶联正常关闭消息交互图

偶联的正常关闭步骤如下：

① Endpoint A收到上层协议ULP中止偶联的通知，此时可能还有要发出的用户数据。当所有在发送队列中等待发送的数据都被递交并被对端证实后，Endpoint A将发送SHUTDOWN数据块到对端，同时启动T2-shutdown定时器，进入SHUTDOWN-SENT状态，并且不再接收ULP发来的新用户数据。Endpoint B收到SHUTDOWN数据块，通知ULP不再接收发往Endpoint A新用户数据。当端点处于SHUTDOWN_RECEIVED状态，可以继续进行队列中数据的传输。端点将使用收到的SHUTDOWN数据块中的累计TSN来释放最近被证实的DATA数据块。一点所有数据都被证实，端点将发送SHUTDOWN ACK数据块，同时启动T2-shutdown定时器，并进入SHUTDOWN_ACK_SENT状态。

② Endpoint B收到SHUTDOWN消息后，进入SHOUTDOWN-RECEIVED状态，再也不接收从SCTP用户发来的新数据，并且检查数据块的积累TSN ACK字段，验证所有未完成的DATA数据块已经被SHUTDOWN的发送方接收。当Endpoint B所有未发送数据和发送未证实数据得到发送和证实后，发送SHUTDOWN ACK数据块并启动本端T2-shutdown定时器，并且进入SHUTDOWN-ACK-SENT状态。如果定时器超时了，Endpoint B则重新发送SHUTDOWNACK数据块。

③ Endpoint B收到SHUTDOWN COMPLETE数据块后，删除本端的TCB进入CLOSED状态。

3. SCTP协议实现中的关键问题

在电信网络中对信令传输有很高的可靠性要求，多归属主机成为SCTP协议中提高传输可靠性、通过网络冗余来完成可靠传输的重要特性。通过多归属的路径管理来获取有效路径和主路径组，而错误检测算法可以监测到路径失效进行路径失败切换，流量控制算法可以确保有效路径上的消息重发和拥塞避免控制。

（1）多归属的路径选择。SCTP的一个最重要的属性就是它支持多归属主机，每个主机能够通过不同的IP地址被访问到，这项属性被用来在两个SCTP端点之间建立冗余的路径，为上层应用提供传输层的错误冗余。

（2）出错检验机制。对于SCTP来说，可以通过两种办法监视路径和SCTP对端（Peer End Point）状态。一是当偶联处于空闲状态时，采用心跳（Heartbeat）机制监测偶联状态；二是当偶联上有数据传输时，通过数据重传阈值来确定路径和对端状态。

这两种出错检验机制可以发现两种错误，一是SCTP端点的某个IP地址不可及，即某条路径不可及。二是SCTP对端不可及，由于网络或者硬件原因，SCTP对端所有的IP地址都不可及。

（3）流量控制和拥塞避免。由于IP网络不能管辖一个主机向网络发送数据负荷的数量，为了避免网络发生拥塞和丢包现象，主机必须要在SCTP层建立流量控制和拥塞避免机制。

采用三种方式可以有效进行拥塞避免，一是监测可能发生的拥塞，二是发现拥塞发生后减少或者停止数据传送，三是避免不必要的数据重传。

4. SCTP的主要应用

SCTP是为了信令传输而逐步发展完善的协议，因此传输可靠，网络容错能力是首要考虑的设计指标。很多网络应用需要采集与测量数据，还需要远程控制的实时系统，使用SCTP作为传输层非常合适。SCTP协议在信令网之外的应用如下：

（1）文件传输协议FTP（File Transfer Protocol）服务。在一个偶联中分别建立命令通道和传输通道，对比基于TCP实现的方式，可以减少建立一次连接的资源开销，提高FTP服务器的性能。

（2）HTTP服务。将同一个WEB页面的不同图片或多媒体数据使用不同的流来传输，对比于单流模式的TCP传输，不会出现因为其中一张图像的数据丢失导致其余数据都无法显示的局面。

（3）对服务质量（Quality of Service，QoS）有要求的业务。在蜂窝通信系统中，SCTP被用于无线网与核心网之间连接的通信协议。例如，在4G网络中，SCTP承载移动性管理实体MME（Mobility Management Entity）和基站eNodeB之间有保证的消息传递；用于核心网EPC（Evolved Packet Core）接口如N2、S1接口的移动管理实体S1-MME（S1 Interface Mobility Management Entity）、S6a/S6d之间的信令连接。

4.2 CMT-SCTP多路径传输协议

4.2.1 CMT-SCTP协议概述

IETF在RFC4960中增加了SCTP协议对传输路径并发性的（Concurrent Multipath Transmission，CMT）支持，形成了CMT-SCTP协议。

1. 概念

CMT-SCTP（Concurrent Multipath Transfer for SCTP，多路径传输协议）协议是一个基于消息流的、面向连接、端到端的全双工并发多路径传输协议。和SCTP一样，它秉承了经典的TCP协议的拥塞和流量控制思想，支持多种递交模式（无序、有序、部分有序），选择确认机制等特性。

CMT-SCTP概念的提出得到了国内外研究人员的关注，陆续提出了多种多路径传输协议，比如pTCP（parallel Transport Control Protocol，并行传输控制协议）、cTCP（concurrent Transport Control Protocol，并发传输控制协议）、MPTCP（Multipath Transport Control Protocol，多路径传输控制协议）、CMT-SCTP等。

2. 特点

CMT-SCTP协议具有建链机制更安全、多宿主链接更可靠和基于消息流更便利等特点。

（1）建链机制更安全。CMT-SCTP通信前需要同TCP一样建立连接。不同于TCP连接采用的“三次握手”机制，CMT-SCTP建立链接需要经过“INIT—INIT_ACK—COOKIE_ECHO—COOKIE_ACK”四个步骤完成。在链接最终建立前，它不为任何请求进行资源预留。这种方式有效防止了类似于SYN Flooding的防范拒绝服务攻击，安全性更高。

（2）多宿主链接更可靠。CMT-SCTP的链接支持多宿主特性，TCP则一般是单地址连接。CMT-SCTP链接建立时，收发两端互相通知对端自己所有地址的IP地址（IPv4、IPv6或主机名）。若当前链接失效，则CMT-SCTP可自动切换至其他本端地址，而无需重新发起建链请求。

（3）基于消息流更便利。CMT-SCTP基于消息流，而TCP基于字节流。流（Stream）是指从一个SCTP端点到另一端点之间建立的单向逻辑通路。通常情况下，所有用户消息在流中按序传递。发送数据和应答数据的最小单位是消息包（Chunk）。每个流包含一系列用户所需的消息包。所谓基于消息流，是指一个CMT-SCTP链接同时可以支持多个流，所有的消息包都汇聚在发送端的发送缓冲区中。需要发送分组时，发送端对消息包标识出它在整个链接中唯一的顺序号（32 bit）并传送顺序号。在接收端也按照传送顺序号顺序上交给上层。一个CMT-SCTP链接内有多个流，同一个流内消息包按照序号进行排序递交，而不考虑不同流间的顺序关系。而TCP则只能支持一个流，流内的按序递交演变成基于字节流的模式。

4.2.2 CMT-SCTP协议功能

CMT-SCTP协议具有拥塞控制和缓存管理等功能。

1. 拥塞控制

CMT-SCTP拥塞控制是一种网络拥塞控制方法，用于避免不必要的网络拥塞。它通过在适当时候控制进入到网络中的数据包数量来实现拥塞控制。这种控制方法涉及使用慢启动和避免拥塞等算法来控制数据包的发送速率。多路径传输拥塞控制应能遵循以下三个原则：

（1）吞吐量的提高。合理的拥塞控制机制应该能够使多路径传输发挥出优于单路径的传输性能，提高整体的传输吞吐量。

（2）平衡拥塞。所有的调整应尽可能做到负载均衡，使得每条链路都能在合适的范围内发挥最大的传输效力，不会出现忙者越忙，闲者越闲。

（3）避免过度争用。多路径传输过程中，应该尽量地避免对资源过度的抢占争用，高性能链路与较低性能链路之间应该合理地进行资源分配。

2. 缓存管理

缓存管理是指对重传缓存的管理，也是为了优化数据传输效率引入的重传缓存概念。重传缓存用于存储已经发送但尚未收到确认的数据包，如果因为网络拥塞等丢失数据包，则CMP-SCTP会使用重传缓存中的数据进行重传，以尽快恢复数据的传输。

接收缓存的大小是影响多路径传输系统传输性能的重要指标参数。在CMT-SCTP多路径传输中，由于SCTP多流的特点及消息分帧和无序发送的特性，接收端需要使用缓存保存接收到的乱序数据帧，经过进一步排序重组之后才能够提交给上层应用进行处理。与TCP相比，SCTP多流和消息分帧无序发送的特性大大提高了传输系统的灵活性和即时性，但同时为了应对各子流中的大量无序消息的存储排序任务，在发生消息丢失和消息失序时缓存就尤为重要，所以必须保证有足够大的缓存空间。

当多路径传输系统中共有n条路径时，其中已知每条路径的带宽（bandwidth，BW）BWi，和往返时延（round-trip time，RTT）RTTi，则可以求得接收端最小的缓存大小为

$$B_{\min}=2*\left[\max_{1\leqslant i\leqslant n}\{RTT_i\}*\sum_{i=1}^{n}BW_i\right] \tag{4-1}$$

当出现拥塞或者丢包重传时，最差的情况下需要三倍的最大RTTi（第一次传输，快速重传，定时重传）加上最大RTO（retransmission time out）的缓存时间，因此所需的最小缓存空间为

$$B_{\min}=\left(3*\max_{1\leqslant i\leqslant n}\{RTT_i\}+\max_{1\leqslant i\leqslant n}\{RTO_i\}\right)*\sum_{i=1}^{n}BW_i \tag{4-2}$$

所以对于多路径传输，使用越多的缓存就能够获取更高的性能，但设备

本身存储空间有限，在配置较大可用缓存时，还应该保持发送和接收双方的缓存平衡。

4.2.3 CMT-SCTP协议工作原理

CMT-SCTP协议的工作原理主要包含建立连接、数据传输、分段封装、流量控制和错误检测，来实现数据高效、可靠的传输等方面。

1. 建立连接

CMT-SCTP建立连接的过程与SCTP相同，需要通过四次握手建立连接。在握手过程中，两个端点协商传输参数，包括端口号、IP地址、最大传输单元MTU等。一旦连接建立成功，两个端点就可以进行数据传输。

2. 数据传输

在CMT-SCTP中，数据传输是在已经建立的连接上进行的。发送方将数据发送到接收方，接收方从连接中接收数据。与TCP不同，CMT-SCTP允许多个数据流同时存在于一个连接中，这使得数据传输更加高效。

3. 分段封装

由于网络中数据传输的限制，CMT-SCTP将大数据分割为较小的数据段，并在传输过程中进行封装。每个数据段都包含数据本身和一些控制信息，如序列号及校验和等。通过将大数据分割为多个小数据段，可以更好地利用网络资源，提高传输效率。

4. 流量控制

CMT-SCTP使用流量控制机制，确保发送方发送的数据不会超过接收方的处理能力。在CMT-SCTP中，流量控制是基于速率限制的，发送方会根据接收方的处理能力调整发送速率。此外，CMT-SCTP还使用拥塞控制机制，避免网络拥塞的发生。当发生拥塞时，发送方会减少发送速率，等待网络状况改善后再继续发送。

5. 错误检测

CMT-SCTP使用校验和机制检测数据传输过程中的错误。在发送数据时，发送方会计算数据的校验和，并将校验和与数据一起发送给接收方。接收方收到数据后，会对接收到的数据进行校验和计算，并与发送方的校验和进行比较。如果两个校验和不一致，说明数据在传输过程中出现了错误，接收方会通知发送方进行重传。

6. 重传机制

在CMT-SCTP中，如果发生数据段丢失或出错的情况，发送方会根据重传机制进行重传。重传机制包括定时器和重传计数器两个主要组成部分。定时器会在一定时间内等待接收方的确认响应，如果超过规定时间未收到确认响应，发送方会认为数据段丢失或出错，并启动重传计数器。重传计数器会限制重传次数，如果重传次数超过限制，发送方会放弃重传，并通知应用层。

重传机制还可以采用选择性重传（Selective Redundancy）方式，即只对出错的数据段进行重传，而不是重传整个数据流。通过选择性重传，可以减少网络开销，提高传输效率。

CMT-SCTP协议通过建立连接、数据传输、分段封装、流量控制、错误检测和重传机制等方面的技术手段，实现了高效、可靠的数据传输。与TCP协议相比，CMT-SCTP在多路径传输、并发性、容错性和性能优化等方面具有更多的优势。随着云计算、大数据和物联网等技术的不断发展，CMT-SCTP协议将在更多应用场景中发挥重要作用。展望未来，CMT-SCTP协议还需要不断优化和完善，以适应不断变化的应用需求和技术环境。

4.3 MPTCP多路径传输控制协议

4.3.1 MPTCP协议概述

1. MPTCP的概念

多路径传输控制协议MPTCP（Mulitipath TCP）是传统TCP协议的扩展，是在传输层上使用多条路径实现同时进行数据传输的协议。MPTCP协议可以在一条TCP链接中包含多条路径，避免出现实时传输性低、发送端和接收端地址不能随意更换等问题。MPTCP由互联网工程任务组（IETF）Multipath TCP工作组研发，目的是允许传输控制协议（TCP）连接使用多个路径来最大化信道资源使用。MPTCP有两个版本，一个是早期独立于内核主线之外的MPTCP v0，一个是已经合并到Linux 5.6内核主线的MPTCP v1。MPTCP v0和MPTCP v1之间不能互通，因此不建议使用MPTCP v0。一般情况都会建议使用Linux 5.19以上的内核版本。MPTCP是一个仍在快速迭代中的开源项目，通过不断迭代MPTCP的功能会更加完善。其协议系统模型如表4-13所示。

表4-13　MPTCP协议系统模型

Application Protocol	
MPTCP	
Subflow（TCP）	Subflow（TCP）
IP	IP

2. MPTCP设计原则

MPTCP设计时遵循两个原则，一是对应用层透明，二是对网络中间件透明。

（1）对应用层透明。MPTCP对于原本基于TCP的应用应该是完全透明的，即不需要应用做出任何改变，也不需要重新编译，即可像原来一样正常工作。MPTCP具有应用程序的兼容性，应用程序只要可以运行在TCP环境下，就可以在没有任何修改的情况下，运行于MPTCP环境。

（2）对网络中间件透明（MPTCP兼容其他协议）。网络上存在很多中间件，例如防火墙、NAT等，这些设备往往是特制的硬件设备，即便使用MPTCP协议，也允许数据顺利通过这些中间件设备而不需要对其做任何改变。

3. MPTCP协议架构

MPTCP协议基于TCP协议，并基于下一代传输技术Tng（Transport next-generation）进行设计，互联网MPTCP架构体系如图4-7所示，将协议栈的传输层分为Socket连接层、MPTCP协议层和SubflowTCP网络连接。Socket连接层保证与应用层的数据交互、数据流的分包等主要功能。MPTCP协议层与应用程序相关联，实现多宿主、端到端TCP连接，保证了链路连接的可靠性与安全性。SubflowTCP属于点到点的链路连接，作为TCP协议的拓展，单条路径仍为TCP链路，可以使得MPTCP协议的适用场景更广泛，并且主要实现数据包调度、链路的拥塞控制，进一步提升MPTCP多路径传输的性能。

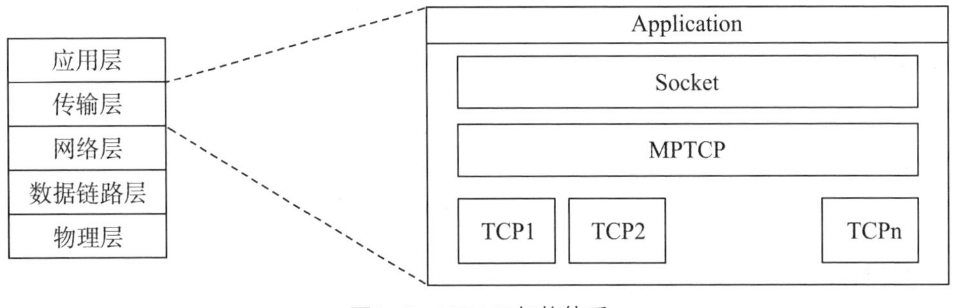

图4-7　MPTCP架构体系

4. MPTCP的相关术语

（1）路径（Path）。终端之间的物理连接，表示发送端与接收端之间的一个连接序列号，通常定义为一个地址和端口的四元组。假设有两台计算机A和B，它们之间需要传输数据。在传统的单路径TCP连接中，数据传输只能通过一条路径进行，如果这条路径出现故障，则数据传输就会中断。而在MPTCP中，可以同时利用多条路径进行数据传输，如同时使用WiFi和蜂窝网络等不同的传输通道。这样即使其中一条路径出现故障，数据传输仍然可以通过其他路径继续进行，提高了传输的可靠性和稳定性。

（2）子流。MPTCP子流是MPTCP中的一个核心概念，它是一种将一个TCP连接划分为多个子流的技术。每个子流可以使用不同的网络路径传输数据，从而增加了数据传输的灵活性和可靠性。

（3）令牌Token。一个主机中的一个路径中的一个独一无二的局部标识符。可以看作是连接ID。假设有两个主机A和B通过MPTCP建立连接，在连接建立过程中，主机A和B会交换令牌。假设主机A的令牌为token_A，主机B的令牌为token_B，当主机A需要发送数据包时，它会将令牌token_A附加到数据包中，然后将数据包发送到主机B。主机B在接收到数据包后，会检查令牌token_A是否与自己维护的令牌集合中的令牌匹配。如果匹配成功，则主机B知道数据包是通过MPTCP连接传输的，并且可以正确地处理和接收数据包。

（4）连接。不同应用程序通过连接进行通信，一个连接至少包含一个或多个子路径。

（5）主机。具有MPTCP处理功能的节点，可以建立MPTCP连接的主机。

（6）共享瓶颈链路。MPTCP的共享瓶颈链路是指在网络中，多个路径交汇处的链路，其带宽容量通常比其他路径小。由于共享瓶颈链路的带宽容量有限，当多个路径在此处交会时，可能会出现拥塞和丢包等问题，从而影响数据传输的性能和可靠性。

（7）多宿主主机。有多个接口的系统被视为多宿主主机，这些接口可以连接到不同的网络路径，从而实现多路径通信，以增加传输带宽和可靠性。

5. MPTCP的应用

MPTCP已经成为一项标准化的协议，虽然MPTCP是一个比较年轻的技术，但它被广泛应用于多路径传输场景，例如，苹果智能语音助手Siri在iPhone、iPad和Mac上使用MPTCP，从一个无线网络无缝切换至另一个无线网络；不同类型的智能手机，使用多路径TCP通过SOCKS代理绑定WiFi和4G；MPTCP在5G混合接入网络中的应用可以带来吞吐量提升、资源优化、可靠性增强、负载均衡和安全性提升等多方面优势。

4.3.2 MPTCP协议功能

MPTCP协议在传输过程中要对多条路径间的连接建立、数据分配、子流的拥塞控制以及子流丢包时的数据重传进行管理，因此MPTCP具有以下四种功能。

1. 路径管理

MPTCP协议是一种用于在混合接入网络中进行高效数据传输的协议。在MPTCP协议中，路径管理是实现高效数据传输的关键环节之一。MPTCP默认会使用所有的可用路径进行数据传输，使网络吞吐量最大化。每个MPTCP终端都维护着由各接口IP地址组成的一个IP地址列表，是主机多宿主接入的基础。MPTCP端设备主要用于检测两个主机之间是否有可能建立多路径连接，即检测两个主机之间的可用IP地址。

关于多路径传输的路径管理，有Default路径管理算法、Fullmesh路径管理算法、Ndiffports路径管理算法以及Binder路径管理算法。

（1）Default路径管理算法。MPTCP协议的默认算法，它不主动告知对方多余的IP地址，也不主动添加新路径，而是被动接受创建的新路径。Default路径管理算法主要的特点是能无缝切换到其他路径进行传输。在Default算法中，首先会计算每个子流的往返时延，并按照往返时延的大小进行排序。然后，算法会依次选择往返时延最小的子流进行数据包调度，直到该子流的拥塞窗口已满。接着，算法会选择下一个往返时延次小的子流进行数据包调度，直到所有子流的拥塞窗口都已满。

（2）Fullmesh路径管理算法。Fullmesh路径管理算法是一种网络路径管理策略，它通过构建一个完整的网络拓扑结构，实现多路径上的数据传输。在Fullmesh算法中，每个节点都有多个邻居节点，并且每个节点都可以直接发送和接收数据包。当一个节点需要发送数据包时，它首先会检查邻居节点的状态和可用带宽。然后，它会选择一条最佳路径（路径的带宽、延迟、丢包率等），将数据包发送到目标节点。

（3）Ndiffports路径管理算法。Ndiffports算法通过使用多个端口号实现并行传输，但是IP地址不会改变，即在同一个IP地址上创建多个路径传输，达到通过端口号来模拟不同的TCP连接以规避带宽限制的目的。该算法是一种针对特定场景进行优化的MPTCP策略，在需要更高隐蔽性和更充分利用带宽的场景下，可以考虑此算法。然后，在实际部署中需要注意实现的复杂度和中间设备兼容性问题。

（4）Binder路径管理算法。Binder算法是一种基于采样的路径规划算法，用于在多机器人系统中实现全局路径规划。该算法通过在环境空间中随机采样点，并利用机器人的运动约束条件来筛选点，以生成一条无碰撞的路径。

2. 数据包调度

在MPTCP协议中，数据包传输是实现多路径传输的基础。与传统的TCP协议不同，MPTCP协议将数据包发送和接收过程进行了扩展，支持多个路径上的数据传输。MPTCP中采用双数据序列机制，一个是未进行数据包分组前的序列号，一个是分配到子流上获取的序列号，使得接收端能够根据数据序列完成数据排序重组。

3. 子流接口

在MPTCP中，子流接口是连接主机和路由器之间的一种通信接口。子流接口用于传输数据包，并且可以根据不同的传输路径进行数据包的调度和分配。子流接口一般指的是单路的TCP链路，并将应用层的流量经过数据包分组器将数据流量分段，然后在子流链路上进行数据传输，实现链路传输的可靠。MPTCP中分配到子流链路的数据包会在子流上重新映射新的序列号，以便在子流传输时发生数据包丢失时可以进行数据重传或者将该路径数据重新分配至其它路径进行传输。接收端缓冲区接收的数据包，根据数据包的序列以及映射后带有子流信息的序列进行数据重组。数据重组完成后，向应用层提交数据完成链路传输。子流接口在MPTCP协议中扮演着重要的角色，它提供了数据传输和控制的基本功能，从而实现了更高效、更可靠的数据传输。

4. 拥塞控制

MPTCP拥塞控制是一种用于防止过多的数据注入网络中，从而避免网络资源的过度使用和性能下降机制。在MPTCP中，拥塞控制是一个全局性的过程，涉及所有的主机路由器以及与降低传输性能有关的所有因素。MPTCP拥塞控制机制基于传统的TCP拥塞控制算法进行改进。它使用拥塞窗口来控制数据包的发送速率，以避免网络拥塞的发生。拥塞控制原理分为拥塞窗口、路径拥塞判断、拥塞控制算法以及调度策略四个方面。

（1）拥塞窗口。拥塞窗口是MPTCP中用于控制数据包发送速率的重要参数。它的作用是动态地调整发送方的发送速率，从而避免发生网络拥塞。在MPTCP中，拥塞窗口的大小可以根据网络的状况和传输路径的信息来调整，当网络出现拥塞时，拥塞窗口的大小会减小，降低发送的发送速率；当网络状况良好时，拥塞窗口的大小会逐渐增加，提高发送速率。

（2）路径拥塞判断。在MPTCP中，判断路径是否拥塞是实现拥塞控制的关键步骤。当某条路径上发生连续丢包事件，可以认为该路径已经发生拥塞。为了准确判断是否拥塞，MPTCP协议会定期收集关于路径的信息（带宽、延迟、丢包率），根据这些信息可以判断路径的拥塞情况，并及时采取相应的控制措施。

（3）拥塞控制算法

MPTCP的拥塞控制算法基于传统的TCP拥塞控制算法进行改进，它采用了多路径联合拥塞控制的方法，综合考虑了所有路径的拥塞情况，以实现公平、高效的传输。具体来说，MPTCP协议会根据每条路径的拥塞情况分别进行调整，同时考虑每条路径的可用带宽、延迟和丢包率。目前已经有多个拥塞控制算法，包括LIA，OLIA，BALIA以及wVegas，其中基于LIA，OLIA，BALIA是基于丢包的拥塞控制算法，wVegas是基于延迟的算法。

① 链路增加LIA（Link Increase Algorithm）算法。LIA算法旨在能根据网络状态动态调整传输策略，从而提高网络性能和资源利用率。在LIA算法中，本地算法负责根据当前网络状态和历史数据预测未来的网络流量，并生成相应的调度策略。动态学习算法根据这些调整策略的实际效果进行学习，不断调整优化策略，以适应网络状态的变化。

LIA算法的实现过程包括，第一，收集网络状态数据（链路带宽、丢包率、延迟）。第二，利用本地算法对网络状态进行预测，生成相应的调整策略。第三，根据生成策略进行数据传输。第四，收集传输结果的反馈信息（传输成功率、时延）。第五，利用动态学习算法根据反馈信息对调度策略进行学习和优化。第六，重复以上过程，不断调整和优化策略，以适应网络状态的变化。

LIA算法优点是具有动态性、学习能力以及优化性能，缺点是具有网络的复杂性，延迟性等问题不能完全实现拥塞平衡的问题。在实际应用中，需要根据网络环境和应用需求选择合适的调度算法，以实现更好的网络性能和资源利用率。

② 机会链接增长OLIA（Opportunistic Linked Increases Algorithm）算法。为了解决LIA不能实现完全拥塞平衡的问题，Khalili等提出了OLIA拥塞控制算法。用于在多路径传输中管理数据包的发送速率，以避免网络拥塞的发生。OLIA算法通过综合考虑每条路径的可用带宽、延迟的丢包率等因素，以及每个数据流的特性，来实现更准确的拥塞判断和更公平、更高效的传输。

OLIA算法的实现过程包括，第一，收集网络状态数据（链路带宽、丢包率、延迟）。第二，根据每条路径的可用带宽、延迟和丢包率等因素，以及每个数据流的特性，计算出每个子流的传输速率。第三，根据计算出的子流速率，调整数据包的发送速率。第四，收集传输结果的反馈信息（传输成功率、时延）。第五，根据反馈信息对子流速率进行学习和优化，以适应网络状态的变化。第六，重复以上过程，不断调整和优化子流速率，以适应网络状态的变化。

OLIA算法优点是可以更准确地判断网络拥塞状况，并采取相应的控制措施，从而有效地提高网络资源的利用率和传输性能。同时还可以应用不同场景和需求进行配置和优化，以适应不同的网络环境和传输需求。缺点是需要收集大量信息，需要进行复杂的计算和优化过程，实现成本高；OLIA算法学习和优化过程需要时间，无法适应网络环境变化。因此，在实际应用中，需要根据网络环境和应用需求选择合适的调度算法，以实现更好的网络性能和资源利用率。

③ 平衡连接适应BALIA（Balanced Connection Adaptation Algorithm）算法。该算法基于全局变量，不允许其他文件引用。它的核心是一个结构体（类似于Java中的类），包含私有成员变量，如拥塞窗口、最大拥塞窗口大小、最小拥塞窗口大小等。此外，该算法还包含内嵌函数，用于执行拥塞控制操作。

④ 加权随机wVegas（Weighted Vegas）算法。该算法基于Vegas算法，但又添加了权重以更好地适应多路径传输。wVegas算法计算每条路径的平均延迟，并根据平均延迟来调整路径的权重。当平均延迟增加时，路径的权重将减少，从而减少在该路径上发送数据包的数量。这样wVegas算法可以通过调整路径权重来平衡路径之间的延迟，并尽可能地减少延迟。

（4）调度策略

在MPTCP中，调度策略是实现拥塞控制的重要环节，根据不同的应用场景和需求进行配置，以实现更合理的数据传输。在MPTCP中，常见的调度策略包括基于优先级的调度和基于流的调度。基于优先级的调度策略根据每个子流的优先级进行数据传输，优先级高的子流会优先传输数据；基于流的调度策略根据每个数据流的特性进行调度，例如根据数据的大小、传输速率等因素进行优化。通过使用合理的调度策略，可以有效地提高网络资源的利用率和传输性能。

MPTCP的几个功能模块并不是独立的，而是彼此相互协调的。路径管理模块寻找在两个终端之间的多条路径。包调度模块从应用层接收数据流，并且在发送给子流前，在数据流上进行数据分割成连接级的片段，并且加上连接级的序列号的操作。子流接口模块在片段上加上自己的序列号、ACK确认，然后发送到网络上。接收端子流接口重新排序数据，将其传输至包调度模块，接收端的包调度模块承担着连接级的数据重组以及向应用层的递交。最后，拥塞控制算法作为包调度模块的一部分来决定哪个数据片段应该以何种的速度发送到对应子流上去。

4.3.3 MPTCP协议工作原理

1. 连接初始化

在连接初始化阶段，本地终端向远程终端根据Socket中的IP地址建立连接，建立第一条子流。连接建立依然使用三次握手机制，一个新的TCP选项MP_CAPABLE被添加进SYN，SYN/ACK和ACK数据包中。

2. 终端额外地址交换

第一条子流建立之后，双方终端已经知晓了彼此的一个接口地址，但仍未掌握其他接口的信息，因此在利用其他接口建立额外子流前需要进行额外地址信息的交换。第一条子流建立后的数据传输阶段，将会有含有特殊TCP选项ADD_ADDR的数据包用以交换额外地址。终端在收到含有ADD_ADDR选项的数据包后，MPTCP栈将会对该数据包进行解析，储存并维护远端主机的所有地址。

3. 子流初始化

终端将尝试两侧主机所有地址之间的两两组合，通过四次握手尝试验证地址之间的连通性，并初始化子流。SYN、SYN/ACK和ACK包将含有新选项MP_JOIN，该选项携带有由密钥生成的令牌，用以标识并绑定该子流所属的MPTCP连接。

4. 数据传输

由于要传输的数据会在发送端被切片，并分配到不同的路径上进行传输，重组变得非常重要。所有从此MPTCP连接发送的数据在连接层面上均会由一个64位的数据序列号进行标识；此外，每条子流还会维护它们自己的32位的序列号，并且一个新的MPTCP选项DATA_SEQUENCE_SIGNAL会用于映射子流序列空间到数据序列空间。通过这样的双层的数据序列机制，接收到的乱序数据就可以在一个所有子流共享的接收缓冲区中进行重新排列。

4.4 SCTP、CMT-SCTP和MPTCP三种协议比较

SCTP、CMT-SCTP和MPTCP各有特点，SCTP是一种可靠的传输协议，它具有与传统TCP和UDP协议不同的多宿主和多流性，不仅可以提供可靠的数据传输服务还具有选择性重传、无序递交等特性；CMT-SCTP在SCTP基础上增加了多路径支持，通过在报文中添加额外的信息来描述带宽、延迟等路径特性，从而实现多路径的选择和数据传输；MPTCP是一种多路径传输协议，可以同时在多个网络路径上发送和接收数据。与传统的TCP协议不同，MPTCP可以通过多个网络路径同时传输数据，从而提高数据传输的速度和可靠性。具体区别如表4-14所示。

表4-14　SCTP、CMT-SCTP和MPTCP的比较

比较类别	SCTP	CMT-SCTP	MPTCP
制定组织	IETF	IETF	IETF
面向连接	是	是	是
数据传输	消息模式	消息模式	数据报文格式
选择性确认	是	是	是
兼容TCP	否	否	是

续表

数据调度	否	轮询算法	轮询算法
多路径	是	是	是
路径管理	否	否	是
多宿主	是	是	是
中间件支持	是	是	是

总的来说，SCTP、CMT-SCTP和MPTCP三种协议都是为了提高数据传输的性能和可靠性。然后，他们在实现方式、应用场景以及特性上存在一定的差异。选择哪种协议主要取决于具体的应用需求和网络环境。

练习题

1. 什么是SCTP协议，它的主要特点和用途是什么？

2. 解释SCTP协议中的多宿性和多流性是什么意思？

3. 画出SCTP两端点间的偶联流程。

4. SCTP同TCP和UDP相比优点有哪些？

5. 什么是CMT-SCTP协议，它与SCTP协议的主要区别是什么？

6. CMT-SCTP协议如何增加多路径支持？

7. 什么是MPTCP协议，它与传统的TCP协议有什么主要区别？请简要解释。

8. MPTCP协议的优点包括哪些方面？

9. MPTCP协议如何实现多路径传输？请详细描述其工作原理。

10. 对比分析SCTP、CMT-SCTP和MPTCP三种协议的异同点以及各自的应用场景。

第 5 章

软件定义网络SDN

随着网络技术的不断发展和应用，传统网络架构已经不能满足用户对于网络性能和服务的要求。软件定义网络（Software Defined Network，SDN）作为一种新型的网络架构形式，采用分层式控制架构，分离控制过程和数据平面，灵活响应网络需求和可编程，提高网络适应性；在控制器的管理下实现网络动态优化，可进一步提升网络性能，减少手动配置，节约成本。SDN已经开始在现代网络中被广泛采用。本章主要讲述SDN的概念、体系结构、关键技术、交互协议等。

能力目标

理解SDN的基本概念和特征，掌握其核心思想。

理解SDN的特点以及与传统网络的差异。

掌握SDN的体系结构和组件，并能够理解其各自的作用和交互方式。

掌握SDN数据平面、控制平面的关键技术。

了解OpenFlow协议的发展历程和工作原理。

了解OpenDaylight控制器的起源、基本框架构成。

了解SDN技术的发展趋势，理解其对未来网络发展的影响和作用。

知识结构

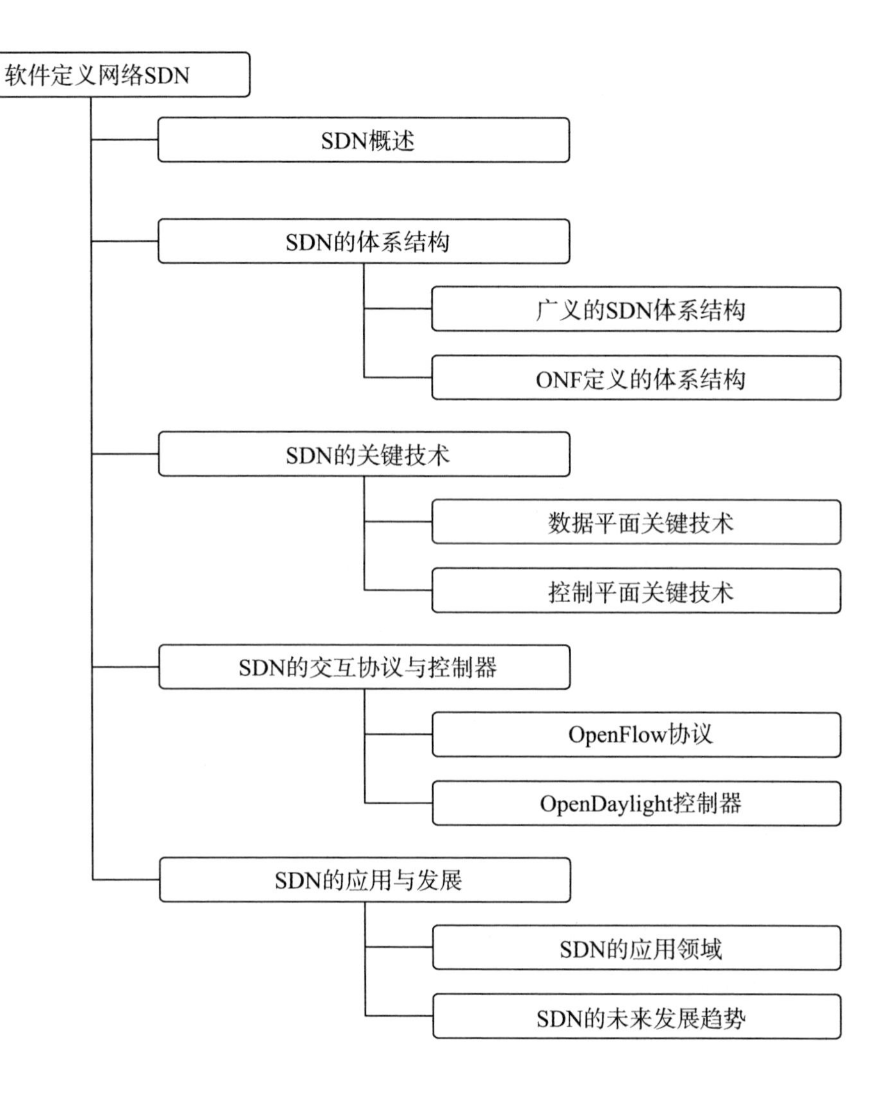
软件定义网络SDN
SDN概述
SDN的体系结构
广义的SDN体系结构
ONF定义的体系结构
SDN的关键技术
数据平面关键技术
控制平面关键技术
SDN的交互协议与控制器
OpenFlow协议
OpenDaylight控制器
SDN的应用与发展
SDN的应用领域
SDN的未来发展趋势

软件定义网络（Software-defined Networking，简称SDN）是由美国斯坦福大学Clean Slate研究组提出的一种新型网络创新架构，可通过软件编程的形式定义和控制网络，其控制平面和转发平面分离及开放性可编程的特点，被认为是网络领域的一场革命，为新型互联网体系结构研究提供了新的实验途径，也极大地推动了下一代互联网的发展。

5.1 SDN概述

1. 传统网络的局限性

传统网络是分布式的网络，在二层网络中，设备通过广播的方式传递设备间的可达信息；在三层网络中，设备间通过标准路由协议传递拓扑信息。这些模式要求每台设备必须使用相同的网络协议，保证各厂商的设备可以实现相互通信。随着业务的飞速发展，用户对网络的需求日新月异，一旦原有的基础网络无法满足新需求，就需要上升到协议制定与修改的层面，这样就会导致网络设备升级十分缓慢。同时，传统网络最常用的安全措施之一是基于交换机的访问控制列表（ACL），这限制了网络中各种应用的移动和部署；此外，传统网络的性能还受限于交换机和路由器的运行效率和吞吐量等物理属性。

传统网络为了适应不同的需求和场景，发展也越来越复杂。部署一个传统网络往往需要使用到很多协议，由于标准协议中往往存在一些未明确的地方，导致各厂商的实现有差异。

传统网络以单台设备为单位，以命令行的方式进行管理。网络管理和业务调度时效率低下，运维成本高。

2. SDN的定义

为了解决传统网络发展滞后、运维成本高的问题，服务提供商开始探索新的网络架构，希望能够将控制面（操作系统和各种软件）与硬件解耦，实现底层操作系统、基础软件协议以及增值业务软件的开源自研，这就诞生了SDN技术。

SDN技术是一种网络管理方法，它支持动态可编程的网络配置，提高了网络性能和管理效率，使网络服务能够像云计算一样提供灵活的定制能力。SDN将网络设备的转发面与控制面解耦，通过控制器负责网络设备的管理、网络业务的编排和业务流量的调度，具有成本低、集中管理、灵活调度等优点。

作为一种数据控制分离、软件可编程的新型网络架构，SDN通过软件编程定义和控制网络，提供了开放通信协议和可编程途径，打破网络设备的封闭，为核心网络及应用的创新提供了良好的平台。

3. SDN的技术路线

在传统网络中，网络设备可以分为管理面、控制面和转发面。管理面负责业务的编排和策略的制定，控制面负责操作系统的运行以及各种算法的运算，转发面负责数据包的转发和接收。SDN的理念是将网络设备的控制和转发功能解耦，使网络设备的控制面可直接编程，将网络服务从底层硬件设备中抽象出来。SDN架构与传统网络架构的对比如图5-1所示。

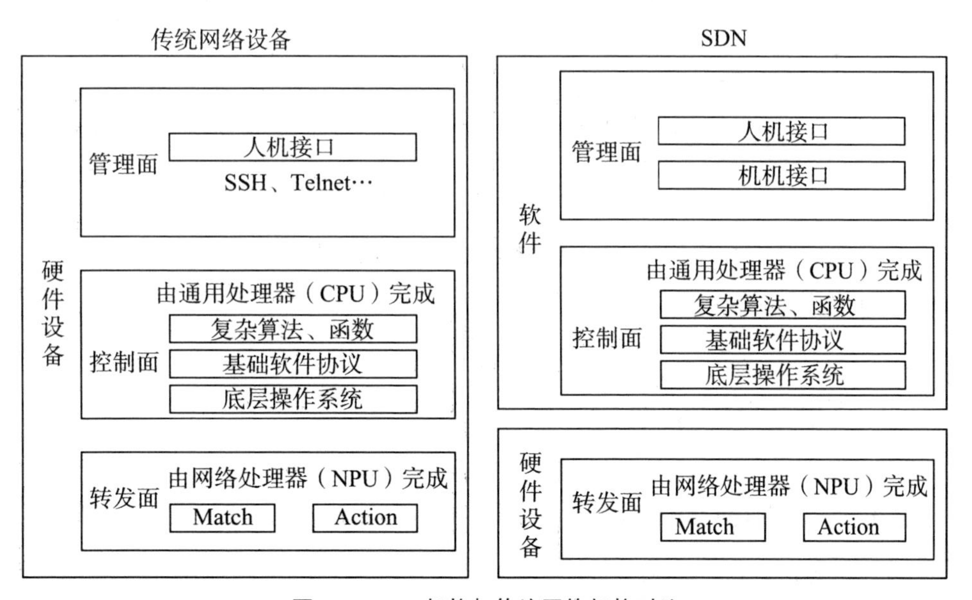

图5-1 SDN架构与传统网络架构对比

在SDN的发展过程中，由于底层协议的复杂性、软件开发投入等多方面的原因，厂商逐渐转向了以自动化运维为主要目标、弱化控制面剥离的SDN技术路线。厂商们主张将操作系统以及大部分的软件仍放在硬件设备上进行，保留原有的网络设备形态，通过控制器实现与硬件设备、与网络配置管理工具的对接，由控制器在管理面的维度完成对硬件设备的统一管理和业务编排。两种SDN技术路线的对比如图5-2所示。

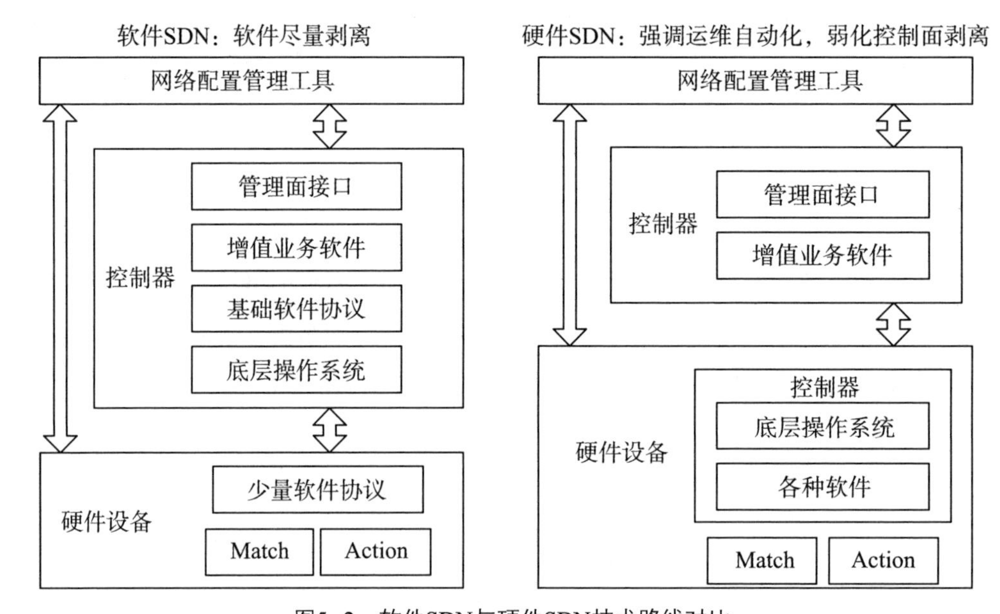

图5-2　软件SDN与硬件SDN技术路线对比

经典的SDN技术路线可以称为软件SDN，而弱化控制面剥离的SDN技术路线可以称为硬件SDN。

5.2　SDN的体系架构

5.2.1　广义的SDN体系架构

1. 广义的SDN架构概述

SDN体系结构是对传统网络体系结构的一次重构，由原来分布式控制的网络结构重构为集中控制的网络结构。

SDN采用了集中式的控制平面和分布式的转发平面，两个平面相互分离。控制平面利用控制–转发通信接口对转发平面上的网络设备进行集中式控制，并向上提供灵活的可编程能力，具备以上特点的网络架构都可以被认为是广义的SDN架构，如图5–3所示。

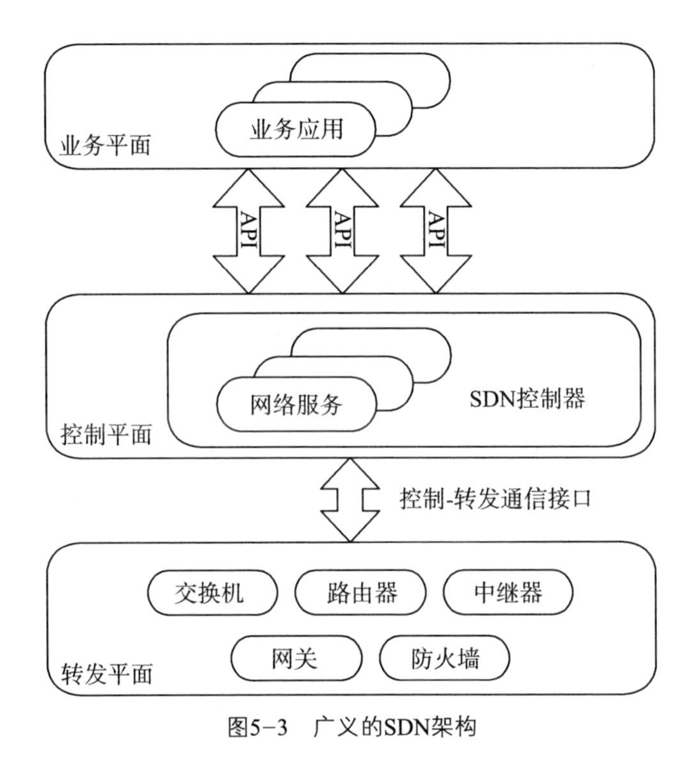

图5–3 广义的SDN架构

（1）业务平面：主要是完成用户意图的各种上层应用程序，此类应用程序称为协同应用程序，典型的应用程序包括OSS、Openstack等。

（2）控制平面：是系统的控制中心，负责网络内部交换路径和边界业务路由的生成，还负责处理网络状态变化事件。在SDN架构下，控制器直接提供网络业务服务接口，应用程序不需关心内部的多协议标签交换（Multi-Propocol Label Switching，MPLS）、多协议边界网关协议（Multiprotocol Extensions for BGP-4，MBGP）等技术细节。

（3）转发平面：负责数据的转发，包括对进入网络的数据包进行路由、交换、过滤等处理，然后根据控制器生成的转发表项将数据包转发到相应的目标地址。

广义的SDN架构使用北向接口（或称北向API）和控制−转发通信接口（或称南向API）来进行层与层之间的通信。北向API负责业务层和控制层之间的通信，南向API负责转发层和控制层之间的通信。

2. 广义的SDN网络工作流程

广义的SDN网络工作流程可归纳如下：

（1）建立SDN网络控制器和转发器的控制通道。通道的建立过程分为二层网络的建立和三层网络的建立。二层网络可以采用多生成树协议（Multiple Spanning Tree Protocol，MSTP）协助建立；三层网络可以采用内部网关协议（Interior Gateway Protocol，IGP）来进行路由学习和打通控制通道。

（2）收集网络资源信息。主要包括网元资源信息收集和拓扑信息收集。

（3）流表（OpenFlow交换机进行数据转发的策略表项集合）计算和下发。

控制器利用网络拓扑信息和网络资源信息计算网络内部的交换路径，同时利用一些传统协议和外部网络运行的一些传统路由协议学习业务路由并向外扩散业务路由，并把这些业务路由和内部交换路径转发信息下发给转发器；转发器接收控制器下发的网络内部交换路径转发表数据和业务路由转发表数据，并依据这些转发表进行报文转发

（4）实现控制器和厂家转发器的互通。制定统一的通信协议和接口标准，并确保不同厂商的设备能够正确地解析和处理来自控制器的指令，以实现相互通信和协同工作。

（5）处理网络状态变化。当网络状态发生变化时，SDN控制器会实时感知网络状态，并重新计算网络内部交换路径和边缘业务接入路由，以确保网络能够继续正常提供服务

3. 广义的SDN的特征

综上所示，可以看出广义的SDN最重要的三个特征：数据和控制分离、网络开放可编程、逻辑上的集中控制。

（1）数据和控制分离。数据和控制分离是SDN的核心思想之一。控制

平面负责实现网络拓扑信息的收集、路由的计算、流表的生成及下发、网络的管理与控制等功能，而数据平面的网络设备仅负责流量的转发及策略的执行。通过这种方式，网络系统的数据平面与控制平面得以独立发展：数据平面向通用化、简化、高性能发展，成本逐步降低；而控制平面向集中化、统一化、智能化发展，能快速适应用户需求的变化。

（2）网络开放可编程。广义的SDN建立了新的网络抽象模型，为用户提供了一套完整开放的通用接口，这些接口作为应用程序编程接口，使用户可以在控制器上编程实现对网络的配置、控制和管理，从而加快网络业务部署的进程。

（3）逻辑上的集中控制。主要是指对分布式网络状态的集中统一管理。SDN控制器掌握全网状态信息，可实现网络级别的统一管理、控制和优化，实现快速的故障定位和排除，提高运行效率。逻辑上的集中控制为软件编程定义网络功能提供了架构基础，也为网络自动化管理提供了可能。

5.2.2 ONF定义的SDN体系架构

1. ONF定义的SDN架构概述

开放网络基金会ONF（Open Networking Foundation）作为SDN最重要的标准化组织，自成立开始，就一直致力于SDN架构的标准化，它提出的架构对SDN的技术发展产生了深远影响。

ONF认为SDN的最终目标是为应用提供一套完整的编程接口，上层应用可以通过这套编程接口灵活地控制网络中的资源和经过这些网络资源的流量，并能按照应用需求灵活地调度这些流量。ONF定义的SDN架构如图5-4所示。

该架构共由4个平面组成，即数据平面、控制平面、应用平面以及管理平面，各平面之间使用不同的接口协议进行交互。

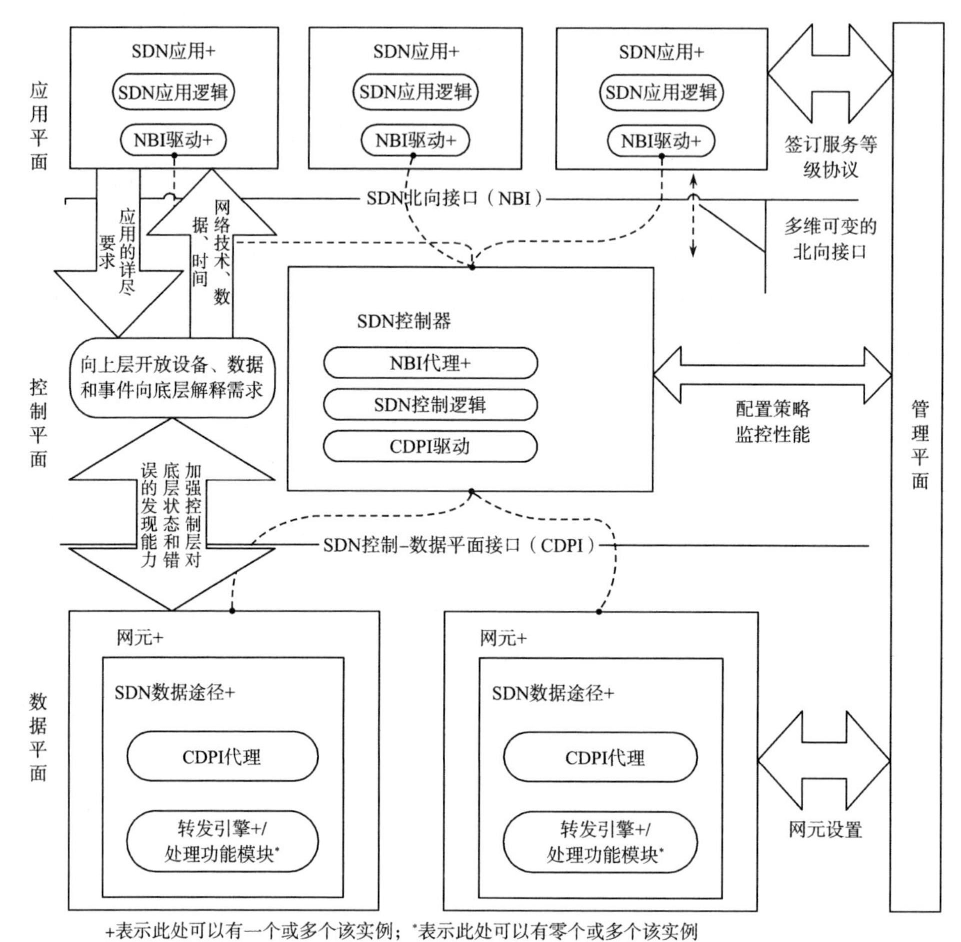

图5-4　ONF定义的SDN架构

2. 数据平面

数据平面由若干网元构成，每个网元可以包含一个或多个SDN数据路径，是一个被管理的资源在逻辑上的抽象集合。每个SDN数据路径是一个逻辑上的网络设备，没有控制能力，只是单纯用来转发和处理数据。它在逻辑上代表全部或部分的物理资源，可以包括与转发相关的各类计算、存储、网络功能等虚拟化资源。同时，一个网元支持多种物理连接类型（如分组交换和电路交换），支持多种物理和软件平台，支持多种转发协议。一个SDN数据路径包含控制数据平面接口（Control Data Plane Interface，CDPI，也称南向接口）代理、转发引擎表和处理功能模块3个部分。Open Flow协议当前被作为控制数据平面接口统一的标准接口。

3. 控制平面

控制平面为SDN控制器，是一个逻辑上集中的实体，它主要承担两项任务：一是将SDN应用平面请求转发到SDN数据路径，二是为SDN应用提供底层网络的抽象模型。

一个SDN控制器包含北向接口（Northbound Interface，NBI）代理、SDN控制逻辑以及CDPI驱动三部分。SDN控制器只要求逻辑上完整，因此它可以由多个控制器实例协同组成，也可以是层级式的控制器集群。从地理位置上来讲，多个控制器实例既可以被部署在同一位置，也可以是多个实例分散在不同位置。控制平面和应用平面之间利用NBI进行通信。

4. 应用平面

应用平面由若干用户需要的SDN应用构成，它可以通过NBI接口与SDN控制器进行交互，即这些应用能够通过可编程方式把需要请求的网络行为提交给控制器。一个SDN应用可以包含多个北向接口驱动，同时SDN应用可以对本身的功能进行抽象、封装来对外提供北向代理接口，封装后的接口就形成了更高级的北向接口。

5. 管理平面

管理平面主要负责一系列静态的工作，这些工作比较适合在应用、控制、数据平面外实现，例如，进行网元设置、指定SDN控制器、定义SDN控制器以及设定SDN应用的控制范围等。

6. SDN网络架构下的接口

数据平面、控制平面、应用平面之间通过接口协议进行协作、共同支持所需要的功能。不同平面之间的接口实现都由驱动和代理配对构成，其中代理表示运行在南向的、底层的部分，而驱动则表示运行在北向的、上层的部分。有北向

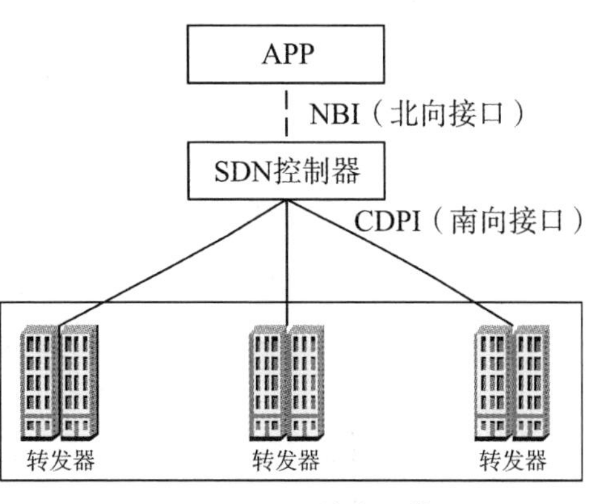

图5-5 SDN网络中的接口

接口、南向接口两类接口，如图5-5所示。

（1）NBI接口。这是一个管理接口，与传统设备提供的管理接口形式和类型相同，但接口内容有所不同。传统设备提供单个设备的业务管理接口或者称为配置接口，而SDN控制器提供的是网络业务管理接口。比如，我们可以直接在网络中部署一个虚拟网络业务或者L2VPN的伪线业务，而不需要关心网络内部到底如何实现这个业务，这些业务的实现都是由控制器内部的程序完成的。实现NBI的协议通常包括RESTFUL接口协议、Netconf接口协议以及CLI接口等传统管理接口协议。

（2）CDPI接口。CDPI接口主要用于控制器和转发器之间的数据交互，包括从设备收集拓扑信息、标签资源、统计信息、告警信息等，也包括控制器下发的控制信息，比如各种流表。目前主要的南向接口控制协议包括OpenFlow协议、Netconf协议、PCEP、BGP等。控制器用这些接口协议作为转控分离协议。

5.3 SDN的关键技术

5.3.1 数据平面关键技术

数据平面的研究主要围绕交换机设计和转发策略设计两个方面展开。交换机设计时应考虑可扩展、快速转发两个原则，确保灵活、快速地进行数据流的转发。转发策略设计的目的在于确保策略更新时的一致性。

1. 交换机设计

在SDN架构中，交换机位于数据平面，主要是完成对数据流的转发。在交换机设计时，基于硬实现的转发方式具有较高的速率，但在进行转发策略匹配时过于严格，且动作集元素体量太少。因此，在实现一定转发速率并保持交换机的灵活性是交换机设计的重大挑战。针对上述挑战，提出两种改进方法。

（1）可重配匹配表的方法。为了根据需要重置数据平面，需要满足四个方面的要求：

① 能够根据需要变化或者新添域定义；

② 在硬件资源允许的条件下，能够指定流表的宽度、深度等特性；

③ 支付新行为创建；

④ 在对数据包的处理过程中，支持任意放置数据包的位置及指定传输端口。

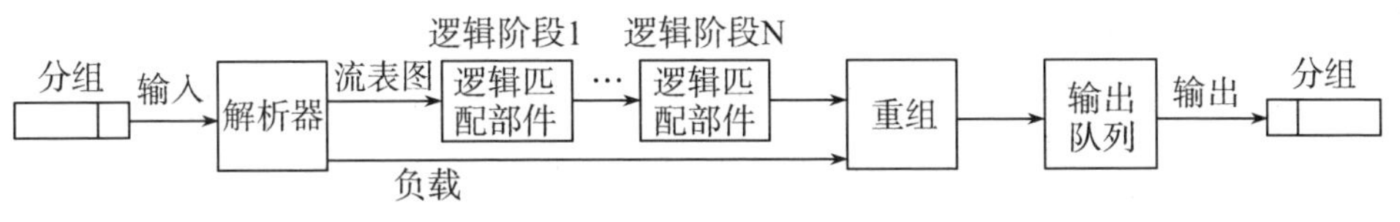

图5-6 可重配匹配表模型

理想的模型如图5-6所示。图5-6中输出队列可以通过软件的方式进行定义，这种可定义的特性主要是：由解析器来完成添加域的操作，之后由逻辑匹配部件来对解析器添加的域进行匹配工作以及新动作的完成。以上操作实现了路由的过程，这种通过软件模拟路由过程的方式，能够弥补硬件无法根据数据自主选择策略的缺陷，可以在不规定协议、不变更硬件前提下，进行自主策略选择以及数据处理。

（2）基于硬件分层的方法。这种方法的基本思想是通过对交换机进行分层，提供高效、灵活的多表流水线业务。该方法将交换机分解为三层，最上层为软数据层，通过策略更新来实现对任何新协议的部署；最下层为硬数据层，具有相对固定、转发效率较高的特点；中间层为流适配层，主要承担软数据层和硬数据层之间的数据通信。

控制器进行策略下发后，软数据层将这些策略进行存储，进而形成具有N个阶段的流表，硬数据层通过策略的高速匹配完成对应的转发行为。中间层充当中介，将软件和硬件两个层次中的策略进行无缝映射，可以较完整地解决交换机的硬件与控制器两者之间多表流水线技术不兼容的问题。

2. 转发策略设计

SDN支持较低抽象水平的方式对策略进行更新，例如，由管理人员手动进行更新，该方式容易造成失误，导致转发策略的不一致。即使没有失误，若网络中部分交换机的转发策略已更新，而部分交换机的转发策略尚未更新，也会导致转发策略的不一致。此外，网络节点失效也会造成转发策略的不一致。将较低层次的配置抽象为较高层次的管理方式是解决这个问题的方式之一。

该方式具有两个关键步骤：第一步，在有更新策略需求时，控制器首先处理已完成旧策略下数据流处理任务对应交换机的更新；第二步，若所有交换机策略更新都已完成，则视为更新策略成功，否则更新策略失败。

基于这种处理的方式，新策略对应数据的处理要等到旧策略数据处理完毕再进行。该处理方式的使用前提是，支持以标签化的方式对要转发的数据进行预处理，以此来标识新策略、旧策略的版本号。更新策略时，交换机首先通过检查数据的标签来确认策略的版本号，当把数据转发出去时，需要将数据的标签去掉。

5.3.2 控制平面关键技术

随着网络的规模不断扩展，现有的SDN方案中，单一结构集中式控制方式的处理能力将无法满足系统需求。控制平面的研究主要围绕控制器设计展开。

1. 控制器设计

对于大规模网络而言，通常会将控制器划分为多个组成域的形式，如图5–7所示。

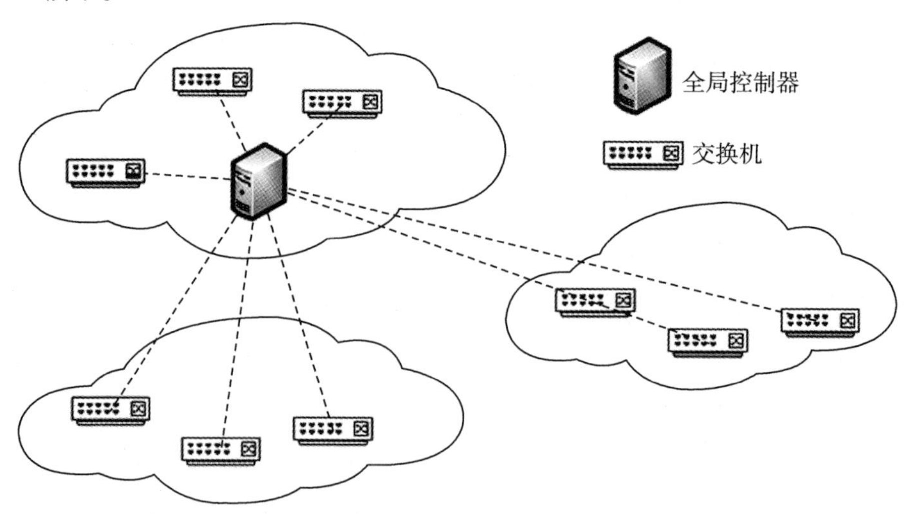

图5–7 SDN中的单一控制器

当仅使用单一集中式控制器来处理交换机请求时，其他域的交换请求就会有较大延迟，从而影响网络处理性能，当网络规模进一步扩大时，这种延迟将变得无法忍受。此外，这种控制模式还有单点失效问题。如果在整个网络中分布多个控制器，并保持逻辑中心控制特性，每个交换机就可以与自己毗邻的控制器进行交互，减小延迟，避开单点失效问题，整个网络的性能就可得以提升。

针对上述问题，提出了基于集中式控制器的两种改进思路。

（1）基于分布式控制器的扁平式控制模式。扁平控制模式是将多个控制器放置在不相交的区域里，它们管理各自所在的网络区域，如图5-8所示。在扁平控制方式中，控制器之间地位对等，利用东西向接口可实现相互通信，逻辑上都能监管整个网络的状态，相当于都是全局控制器。当网络拓扑变化时，所有控制器可同步更新，仅需重新配置交换机和控制器之间的地址映射，因此，该方式对数据平面的影响较小。每个控制器都有自己的网络信息库，保持网络信息库的一致性即能实现控制器的同步更新。在扁平控制方式中，所有控制器掌握着全部的网络状态，却只控制其所在的局部网络，这就存在着资源浪费。此外，在进行网络更新时，这种控制方式会导致控制器的整体负载增大。

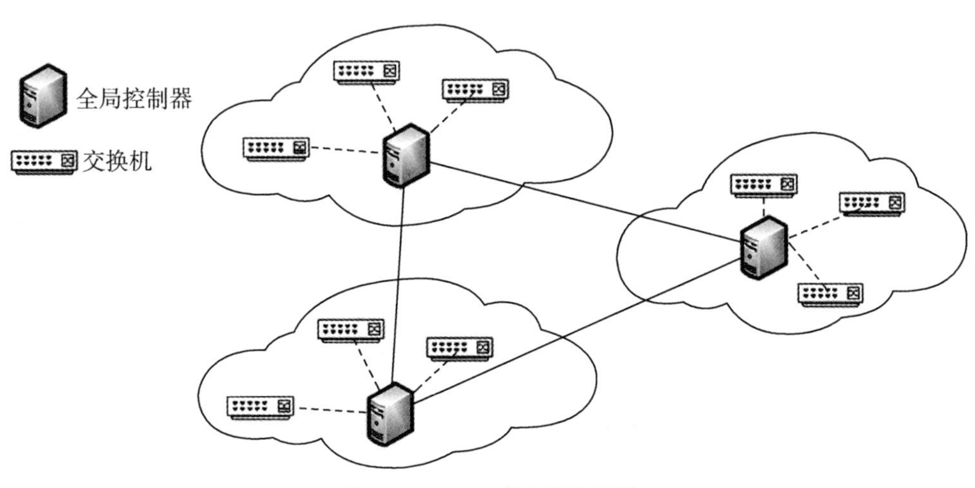

图5-8 SDN中的扁平控制器

（2）基于分布式控制器的层次控制模式。在层次控制方式中，控制器分为局部控制器与全局控制器。层次控制方式中的控制器之间具有垂直管理的功能，局部控制器控制各自所在网络区域，局部控制器之间的通信需要通过全局控制器来实现，如图5-9所示。

局部控制器在地理上靠近交换机，负责管理本区域节点以及掌握本区域的网络状态，全局控制器提供全网信息的路由，进行全网信息维护。在这种控制方式下，控制器之间的交互方式有两种，一种是局部控制器与全局控制器之间的交互，另一种是全局控制器与全局控制器之间的交互。局部控制器如果收到来自交换机的询问请求，首先判断所转发的报文是否属于其局部信息，若属于，则对这些信息进行处理；否则，该局部控制器将该询问请求转发给全局控制器，全局控制器将相应信息返回给局部控制器，局部控制器再将信息返回给交换机。该方式的优势在于降低了全局控制器的交互频率，并减轻了流量负载。

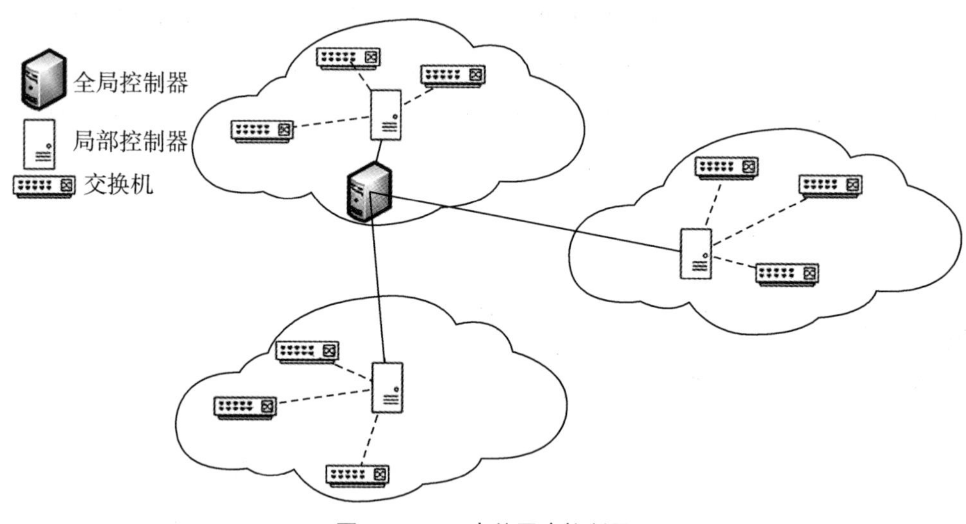

图5-9　SDN中的层次控制器

2. 控制平面特性研究

控制平面具有三个关键的特性：一致性、可用性和容错性，这三者之间存在着一定的耦合性，同时满足这三种特性需求十分困难，在设计中需要根据实际需要进行取舍。

（1）一致性。SDN的核心优势之一就是能够通过集中控制来解决网络配置的一致性问题。用户能够通过集中控制来获取全局网络视图，并根据全网信息对网络进行统一部署与设计，从而保证了网络的一致性。然而，不同的控制器对一致性的要求不一样，在分布式的控制器中，如果要保证全局状态的一致性，网络性能就会下降。如果要提升网络的性能，减少下发策略的时间，全局状态就很难统一。因此，需要根据实际需要对性能进行取舍。

（2）可用性。由于控制器需要处理大量来自交换机的请求，有可能造成控制器的负载过重，从而降低可用性。分布式控制器能够在一定程度上解决SDN的可用性问题，通过对交换机请求进行分布式处理，平衡分配负载，提升整体的可用性。在层次控制方式中，局部控制器承担了大部分交换机请求，全局控制器能够更好地保证服务品质。然而，由于每个控制器分别处理不同的交换机请求，如果网络流量分布不均匀，仍会导致控制器的可用性下降。采用负载窗口的方法能够对可用性进一步优化，通过不断地检查负载窗口的总负荷，并基于实际需求对控制器之间的流量进行动态地调整。此外，通过减少交换机的请求次数也可以对可用性进行优化。该方法将数据流划分成短流和长流，短流由数据平面来处理，长流则由控制平面处理。由于长流数量非常少，因此该方法能够降低控制器的负载，从而增强系统可用性。

（3）容错性。SDN网络中仍然存在节点失效或链路失效的问题，但SDN控制器具有较强的容错能力，能够根据全网信息快速地恢复失效节点。图5-10展示了网络中的节点或链路失效恢复收敛的过程。

① 若网络中有一台交换机发生失效，那么在网络中的其他交换机则能够感知该变化；

② 交换机将该变化传递给控制器；

③ 控制器计算出使节点或链路恢复的策略；

④ 控制器进行策略更新后，在受到失效影响的网络元素中扩散该更新策略；

⑤ 这些网络元素对各自的流表中的信息进行相应的更改。

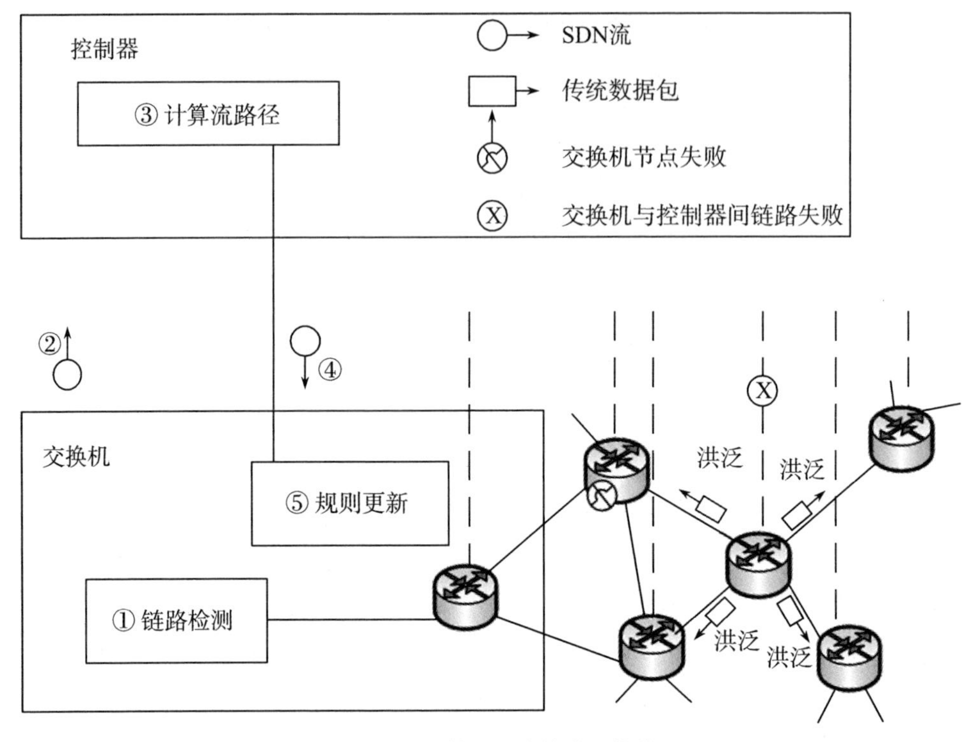

图5-10　失效节点或链路的收敛

5.4　SDN的交互协议与控制器

SDN控制平面通过南向接口协议对数据平面进行控制和管理，包括链路发现、拓扑管理策略制定、流表下发等。南向接口协议在完成控制平面与数据平面间交互的同时，需要完成部分管理配置功能。SDN南向接口协议有很多种，其中发展较为成熟、使用较为广泛的交互协议是OpenFlow协议。

5.4.1　OpenFlow协议

OpenFlow是一种网络通信协议，应用于SDN架构中控制器和转发器之间的通信。软件定义网络SDN的一个核心思想就是“转发、控制分离”，要实现转控分离，就需要在控制器与转发器之间建立一个通信接口标准，允许控制器直接访问和控制转发器的转发平面。OpenFlow引入了“流表”的概念，转发器通过流表来指导数据包的转发。控制器正是通过OpenFlow提供的接口在转发器上部署相应的流表，从而实现对转发平面的控制。

1. OpenFlow的起源与发展

OpenFlow起源于斯坦福大学的Clean Slate项目，该项目的目标是要“重塑互联网”，旨在改变设计已略显不合时宜，且难以进化发展的现有网络基础架构。2006年，斯坦福的学生Martin Casado领导了一个关于网络安全与管理的项目，试图通过一个集中式的控制器，让网络管理员方便地定义基于网络流的安全控制策略，并将这些安全策略应用到各种网络设备中，从而实现对整个网络通讯的安全控制。

Clean Slate项目的负责人Nick McKeown教授及其团队发现，如果将传统网络设备的数据转发和路由控制两个功能模块相分离，通过集中式的控制器以标准化的接口对各种网络设备进行管理和配置，将为网络资源的设计、管理和使用提供更多的可能性，从而更容易推动网络的革新与发展。于是，他们提出OpenFlow的概念，并于2008年发表了题为《OpenFlow：Enabling Innovation in Campus Networks》的论文，首次详细地介绍了OpenFlow的原理和应用场景。

2009年，基于OpenFlow，该研究团队进一步提出了SDN的概念，引起了行业的广泛关注和重视。ONF将OpenFlow定义为SDN架构的控制层和转发层之间的第一个南向标准通信接口，并加大OpenFlow的标准化力度。

自2009年底发布第一个正式版本v1.0以来，OpenFlow协议已经经历了1.1、1.2、1.3以及最新发布的1.5等版本的演进过程，演变过程及主要变化如图5-11所示。目前使用和支持最多的是OpenFlow1.0和OpenFlow1.3版本。

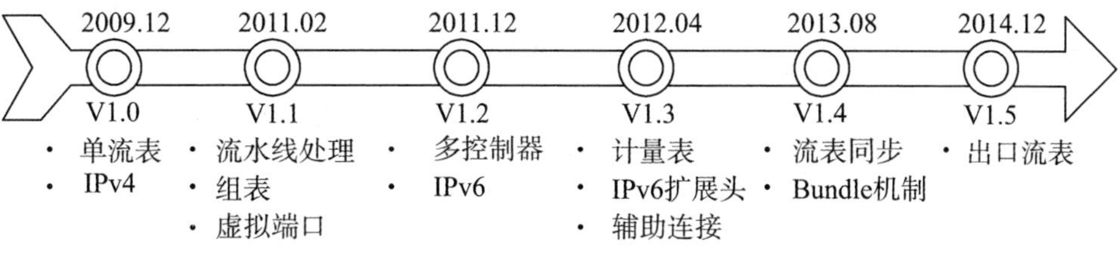

图5-11 OpenFlow各个版本的演进过程和主要变化

2. OpenFlow工作原理

整个OpenFlow协议架构由控制器（Controller）、OpenFlow交换机（OpenFlow Switch），以及安全通道（Secure Channel）组成，如图5-12所示。

（1）控制器。控制器位于SDN架构中的控制层，是SDN的“大脑”，通过OpenFlow协议指导设备的转发。目前主流的OpenFlow控制器分为两大类：开源控制器和厂商开发的商用控制器。常见的开源控制器有OpenDaylight、NOX/POX等，商用控制器有Huawei的iMaster NCE等。

（2）安全通道。安全通道是连接OpenFlow交换机与控制器的信道，负责在OpenFlow交换机和控制器之间建立安全连接。控制器通过这个通道来控制和管理交换机，同时接收来自交换机的反馈。

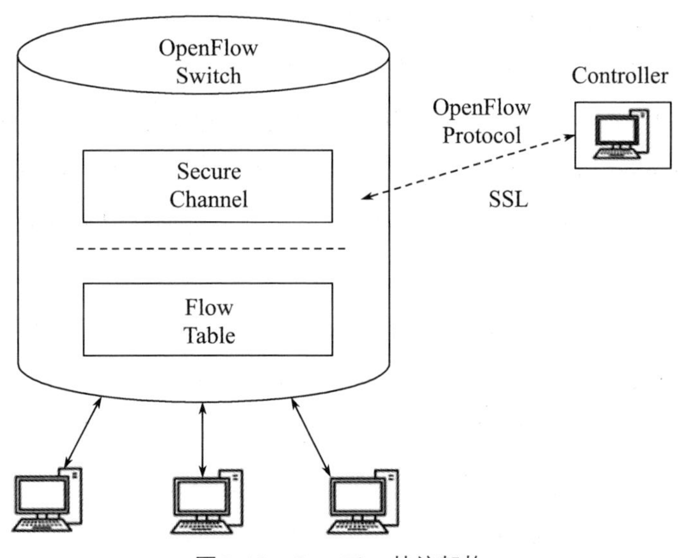

图5-12　OpenFlow协议架构

通过OpenFlow安全通道的信息交互必须按照OpenFlow协议规定的格式来执行，通常采用TLS（Transport Layer Security）加密，在一些OpenFlow版本中（1.1及以上），有时也会通过TCP明文来实现。通道中传输的OpenFlow消息类型包括以下三种：

Controller-to-Switch消息：由控制器发出、OpenFlow交换机接收并处理的消息，主要用来管理或获取OpenFlow交换机状态。

Asynchronous消息：由OpenFlow交换机发给控制器，用来将网络事件或者交换机状态变化更新到控制器。

Symmetric消息：可由OpenFlow交换机发出也可由控制器发出，也不必通过请求建立，主要用来建立连接、检测对方是否在线等。

（3）OpenFlow交换机。OpenFlow交换机是整个OpenFlow网络的核心部件，主要负责数据层的转发。OpenFlow交换机可以是物理的交换机/路由器，也可以是虚拟化的交换机/路由器。

① OpenFlow交换机分类。按照对OpenFlow的支持程度，OpenFlow交换机可以分为两类：

OpenFlow专用交换机：仅支持OpenFlow转发，不支持现有的商用交换机上的正常处理流程，所有经过该交换机的数据都按照OpenFlow的模式进行转发。

OpenFlow兼容型交换机：既支持OpenFlow转发，也支持正常二三层转发。这是在商业交换机的基础上添加流表、安全通道和OpenFlow协议来获得了OpenFlow特性的交换机。

② 流表。OpenFlow交换机在实际转发过程中，依赖于流表（Flow Table）。流表是OpenFlow交换机进行数据转发的策略表项集合，指示交换机如何处理流量，所有进入交换机的报文都按照流表进行转发。流表本身的生成、维护、下发完全由控制器来实现。

在传统网络设备中，交换机/路由器的数据转发需要依赖设备中保存的二层MAC地址转发表、三层IP地址路由表以及传输层的端口号等。OpenFlow交换机中使用的“流表”也是如此，不过其表项并非指普通的IP五元组，而是整合了网络中各个层次的网络配置信息，由一些关键字和执行动作组成的灵活规则。

OpenFlow流表的每个流表项都由匹配域（Match Fields）、处理指令（Instructions）等部分组成。流表项中最为重要的部分就是匹配域和指令，当OpenFlow交换机收到一个数据包，将包头解析后与流表中流表项的匹配域进行匹配，匹配成功则执行指令。

流表项的结构随着OpenFlow版本的演进不断丰富，不同协议版本的流表项结构，如图5-13所示。

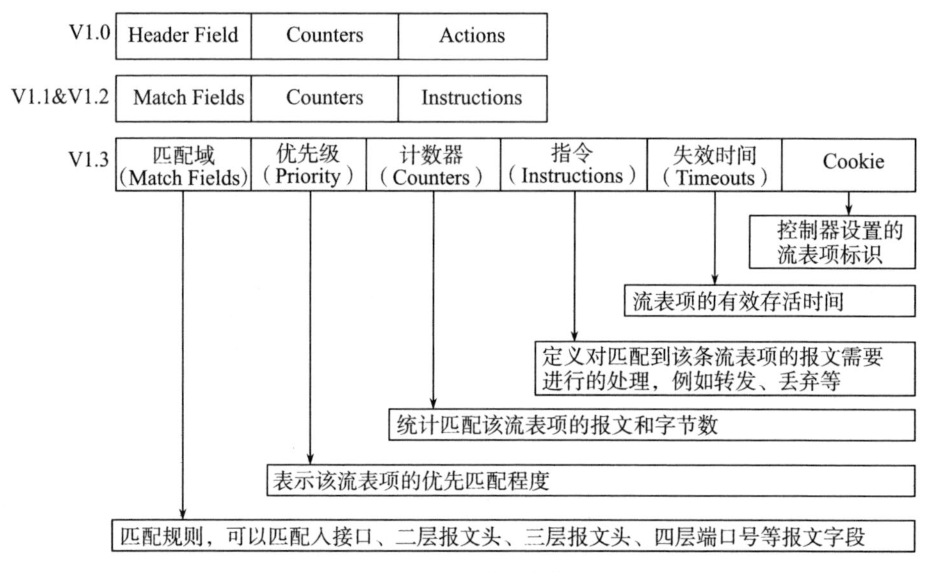

图5-13　流表项组成结构

③ 多级流表与流水线处理。OpenFlow v1.0采用单流表匹配模式，这种模式虽然简单，但是当网络需求越来越复杂时，各种策略放在同一张表中时就显得十分臃肿。这使得控制平面的管理变得十分困难，而且随着流表长度与数目的增加，对硬件性能要求也越来越高。

从OpenFlow v1.1开始引入了多级流表和流水线处理机制，如图5-14所示。

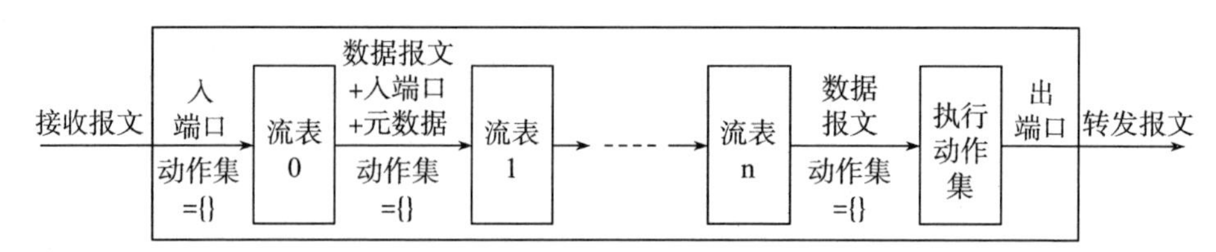

图5-14　多级流表处理流程

当报文进入交换机后，从序号最小的流表开始依次匹配，报文通过跳转指令跳转至后续某一流表继续进行匹配，这样就构成了一条流水线。多级流表的出现一方面能够实现对数据包的复杂处理，另一方面又能有效降低单张流表的长度，提高查表效率。

④ 流表下发方式。OpenFlow流表的下发分可以是主动（Proactive）的，也可以是被动（Reactive）的。

主动模式下，控制器将自己收集的流表信息主动下发给OpenFlow交换机，随后交换机可以直接根据流表进行转发。

被动模式下，OpenFlow交换机收到一个报文而查流表失败时，会发送消息询问控制器，由控制器进行决策该如何转发，并计算、下发相应的流表。被动模式的好处是交换机无需维护全部的流表，只有当实际的流量产生时才向控制器获取流表记录并存储，当老化定时器超时后可以删除相应的流表，因此可以大大节省交换机芯片空间。

3. OpenFlow的应用场景

随着OpenFlow概念的发展和推广，其研究和应用领域也得到了不断拓展，主要包括网络虚拟化、安全和访问控制、负载均衡等方面。下面以几个典型的场景来展示OpenFlow的应用：

（1）OpenFlow在校园网络中的应用。科研院校网络是OpenFlow的发源地，也是OpenFlow被广泛应用的网络环境。学生或研究人员在进行网络创新性研究时，可能会有全新设计的网络控制协议和数据转发技术需要验证，他们希望有一个平台能帮助他们把网络的控制、转发独立出来，以便能在平台上自由验证他们的研究工作。基于OpenFlow的网络就可以提供这样一个试验平台，不仅更接近真实网络的复杂度，实验效果好，而且可以节约实验费用。

（2）OpenFlow在数据中心网络中的应用。云数据中心是OpenFlow得以发扬光大的地方。云数据中心部署时存在多租户资源动态创建、流量隔离以及虚拟机动态迁移等虚拟化需求，OpenFlow交换机可以配合云管理平台实现网络资源的动态分配和网络流量的按需传输，实现云服务的网络虚拟化需求并可以改善网络性能。其次，在数据中心的流量很大，如果不能合理分配传输路径很容易造成数据拥塞，从而影响数据中心的高效运行。如果在数据中心中部署OpenFlow，可以动态获取各链路的流量传输情况，动态下发OpenFlow流表规则进行均衡调度，实现路径优化以及负载均衡。

（3）OpenFlow在园区网络中的应用。在园区网络中可以使用OpenFlow对接入层设备进行有效的管控。接入层设备的特点是量大、故障率高，但设备功能和流量策略相对简单。如果使用OpenFlow，可以在控制器上集中统一对接入设备进行流表下发、网络监控等维护工作。在要求用户身份认证的场合，可以把认证流量引导到控制器上，在验证用户身份合法后再下发准入规则到用户连接的交换机端口上。在控制器检测到特定网络端口或特定用户流量异常时，可以通过下发规则关停设备端口或限制特定流量，快速恢复网络故障，提高网络可靠性和安全性。

5.4.2 OpenDaylight控制器

随着SDN技术的快速发展以及控制器在SDN中核心作用的凸显，控制器软件正呈现百花齐放的发展形势，特别是开源社区在该领域贡献了很大的力量，目前已向业界提供了很多开源控制器。不同的控制器拥有各自的特点和优势，而开源控制器OpenDaylight由于其模块化、可扩展、可升级、支持多协议等优势，获得了广泛的应用。

1. OpenDaylight起源及发展

OpenDaylight项目是由Linux协会联合业内18家企业，包括Cisco、Juniper、Broadcom等多家传统网络的巨头公司，于2013年初成立，旨在推出一个开源的、通用的SDN网络平台。业界对于OpenDaylight非常关注，它也一直在稳步扩大其成员规模。目前，该组织已吸纳了33个成员。OpenDaylight项目的成立对于SDN意义重大，它代表了传统网络芯片、设备商对于SDN这个颠覆性技术的跟进与支持。OpenDaylight也被业界寄希望于成为SDN的通用控制平台。

OpenDaylight开源社区成立不到一年就推出了首个开源版本氢

（Hydrogen），截至目前，OpenDaylight已经发布了10个版本，分别是Hydrogen（氢）、Helium（氦）、Lithium（锂）、Beryllium（铍）、Boron（硼）、Carbon（碳）、Nitrogen（氮）、Oxygen（氧）、Fluorine（氟）、Neon（氖），均继承了最初的设计思想和设计目标。

2. OpenDaylight特点

OpenDaylight控制器基于JAVA语言开发，主要特点有：

（1）南向接口支持OpenFlow、Netconf、SNMP、PCEP等标准协议，同时支持私有化接口。

（2）服务抽象层（Service Abstraction Layer，SAL），控制器模块化设计的核心，支持多种南向接口协议，屏蔽了协议间差异，为上层模块和应用提供一致性的服务。

（3）采用开放服务网关规范（OSGI）体系结构，实现众多网络功能的隔离问题，极大增强了控制平面的可扩展性。

（4）使用YANG工具直接生成业务管理的“骨架”。

（5）OpenDaylight拥有一个开源的分布式数据网格平台，该平台不仅能实现数据的存储、查找和监听，更重要的是它使得OpenDaylight支持控制器集群。

3. OpenDaylight架构

OpenDaylight使用模块化方式来实现控制器的功能和应用，Hydrogen版本总体架构如图5-15所示。

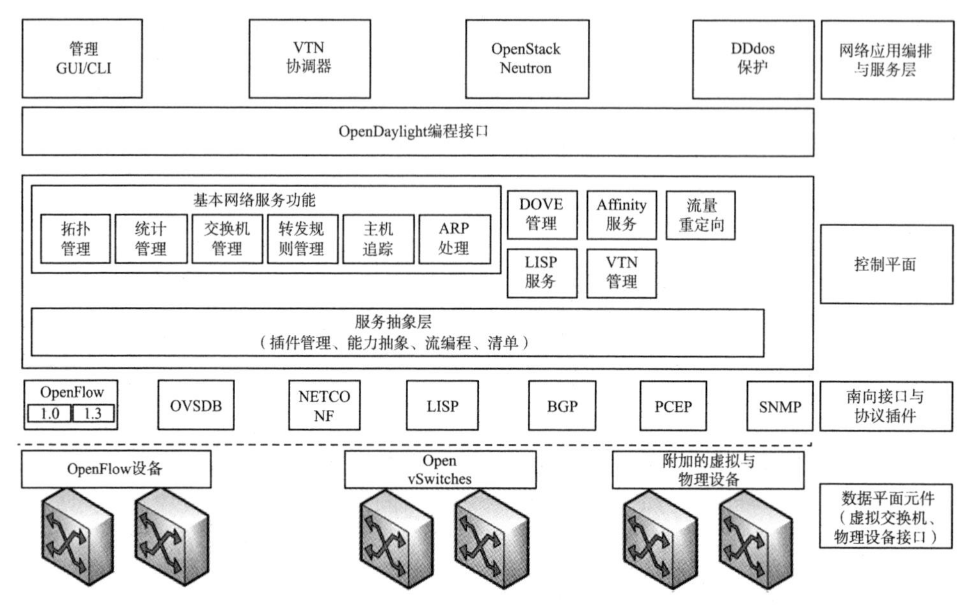

图5-15　OpenDaylight控制器架构图

（1）南向接口与协议插件。在OpenDaylight总体架构中，南向接口通过插件的方式来支持多种协议，包括OpenFlow v1.0/1.3、OVSDB、NETCONF、位置/身份标识分离协议（Locator/ID Separation Protocol，LISP）、BGP、PCEP、SNMP等，这使得OpenDaylight能够灵活地与不同的底层网络设备进行交互。通过这些南向接口插件的支持，OpenDaylight可以与各种不同类型的底层网络设备进行通信，从而实现网络的灵活管理和控制，适应不断变化的网络需求和技术发展。

（2）服务抽象层SAL。SAL是整个控制器模块化设计的核心，它位于底层设备和上层应用之间，起到了中间调度的作用。SAL的主要功能是自动适配底层不同的设备，使开发者可以专注于业务应用的开发。它通过北向连接功能模块，以插件的形式为之提供底层设备服务。同时，SAL还通过南向连接多种协议插件，屏蔽不同协议的差异性，为北向功能模块提供一致性服务。

通过这种方式，SAL使得上层模块和应用能够以一致的方式访问底层设备，提高了开发效率和可维护性。同时，SAL还可以对底层设备的状态进行监控和管理，确保系统的稳定性和可靠性。

SAL框架如图5-16所示，基于插件服务提供的特性来构建服务，上层服务请求被SAL映射到对应的插件，并采用适合的南向接口协议与底层设备进行交互，各个插件之间相互独立并与SAL松耦合。

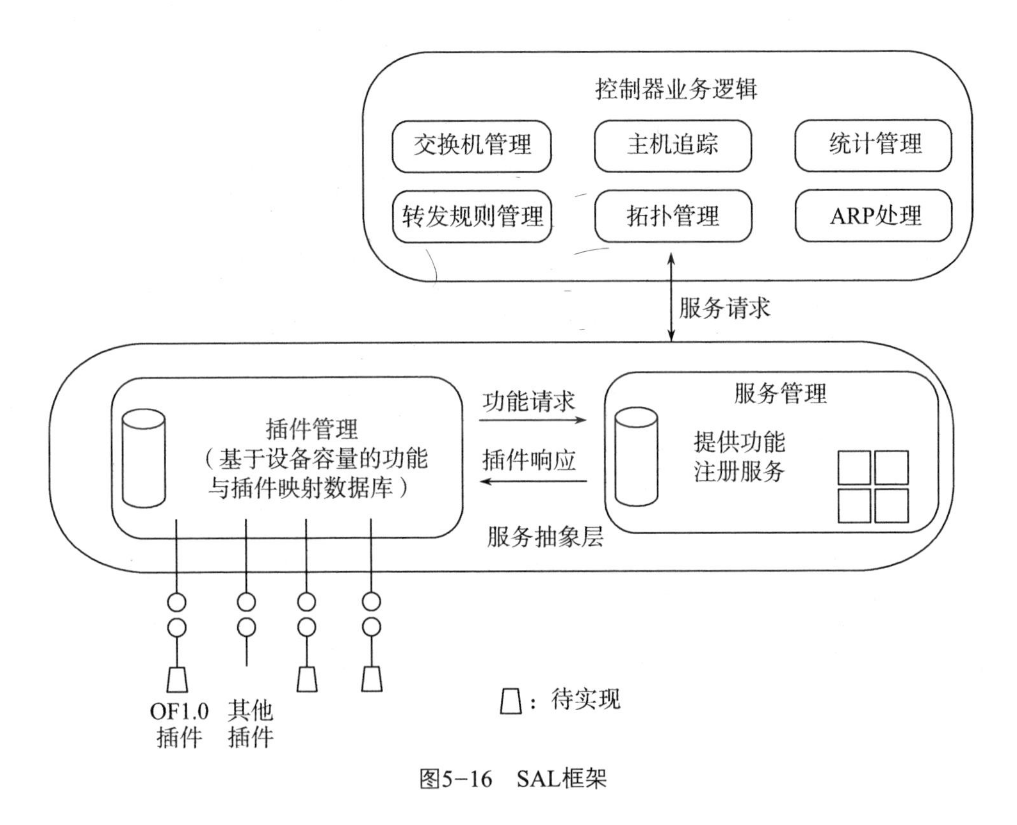

图5-16　SAL框架

（3）网络服务。在SAL之上，OpenDaylight提供了网络服务的基本功能和拓展功能两大功能。

网络服务的基本功能模块主要包括拓扑管理、统计管理、交换机管理、转发规则管理（Forwarding Rules Manager，FRM）、主机追踪以及最短路径转发等，各模块的主要功能，如表5-1所示。

表5-1　OpenDaylight网络服务的基本模块功能

模块	功能
拓扑管理	负责管理节点、连接、主机等信息，并负责拓扑计算
统计管理	负责统计各种状态信息
主机追踪	负责追踪主机信息，记录主机的IP地址、MAC地址、VLAN以及连接交换机的节点和端口信息。该模块支持ARP请求发送及ARP消息，监听支持北向接口的主机创建、删除及查询
转发规则管理	负责管理流规则的增加、删除、更新、查询等操作，并在内存数据库中维护所有安装到网络节点的流规则信息，当流规则发生变化时，负责维护规则的一致性
交换机管理	负责维护网络中的节点、节点连接器、接入点属性、三层配置、SPAN配置、节点配置、网络设备标识
ARP处理	负责处理ARP报文

网络服务的拓展功能模块主要包括分布式覆盖虚拟以太网（Distributed Overlay Virtual Ethernet，DOVE）管理、Afinity服务（上层应用向控制器下发网络需求的API）、流量重定向、LISP服务、虚拟组户网络（Virtual Tenant Network，VTN）管理等。

5.5　SDN的应用与发展

5.5.1　SDN的应用领域

SDN转发和控制分离的特点可有效降低设备硬件成本，控制逻辑集中的特点可使得网络具有全局的视图，从而便于实现全局优化、多网融合和集中管控，网络能力开放化可促进更多的业务创新和网络服务创新。这三大驱动力推动着SDN的发展，也使得SDN有了更多的应用场景。目前，SDN主要应用在以下场景中：

1. SDN在数据中心网络的应用

数据中心网络SDN化的需求主要表现在海量的虚拟租户、多路径转发、虚拟机的智能部署和迁移、网络集中自动化管理、绿色节能、数据中心能力开放等几个方面。SDN控制逻辑集中的特点可充分满足网络集中自动化管理、多路径转发、绿色节能等方面的要求；SDN网络能力开放化和虚拟化的特点可充分满足数据中心能力开放、虚拟机的智能部署和迁移、海量虚拟租户的需求。数据中心的建设和维护一般统一由数据中心运营商或ICP/ISP维护，具有相对的封闭性，可统一规划、部署和升级改造，SDN在其中部署的可行性高。数据中心网络是SDN目前最为明确的应用场景之一，也是最有前景的应用场景之一。

CloudFabric是华为推出的数据中心网络SDN解决方案，该方案由华为数据中心CloudEngine系列交换机配合华为数据中心控制器iMaster NCE-Fabric、智能网络分析平台iMaster NCE-FabricInsight以及安全解决方案HiSec，为客户提供覆盖数据中心网络的“规划建设→业务发放→运维监控→变更优化”全生命周期的极简运营体验；对网络故障实现发现、分析、隔离的智能闭环；同时CloudFabric还能满足数据中心全以太网络演进，可融合计算专网与存储专网，实现以太零丢包，提升计算和存储性能。

2. SDN在数据中心互联的应用

数据中心之间的网络具有流量大、突发性强、周期性强等特点，需要网络具备多路径转发与负载均衡、网络带宽按需提供、集中管理和控制的能力，同时还要求绿色节能。引入SDN的网络可通过部署统一的控制器来收集各数据中心之间的流量需求，进行统一的计算和调度，实施灵活的带宽按需分配，从而最大限度地优化网络，提升资源利用率。

针对企业网络面临的WAN封闭架构、业务体验难保障、业务部署和运维困难的问题，华为推出SD-WAN方案，为企业提供分支与分支、分支与数据中心、分支与云之间的全场景互联，通过应用级智能选路、智能加速、智能运维，构建更好的业务体验，重塑WAN互联全流程的业务体验。

3. SDN在政企网络中的应用

政府及企业网络的业务类型多，网络设备功能复杂，对网络的安全性要求高，需要集中地管理和控制，网络的灵活性高，且要能满足定制化需求。

SDN转发与控制分离的架构可使得网络设备通用化、简单化。SDN将复杂的业务功能剥离，由上层应用服务器实现，不仅可以降低设备硬件成本，还可使得企业网络更加简化，层次更加清晰。同时，SDN控制的逻辑集中可以实现企业网络的集中管理与控制以及企业的安全策略集中部署和管理，还可以在控制器或上层应用灵活定制网络功能，更好地满足企业网络的需求。由于企业网络一般由企业自己的信息化部门负责建设、管理和维护，具有封闭性，因此可统一规划、部署和升级改造，SDN部署的可行性高。

4. SDN在电信运营商网络的应用

电信运营商网络包括宽带接入层、城域层、骨干层等层面，具体的网络还可分为有线网络和无线网络，网络存在多种方式，如传输网、数据网、交换网等。总的来说，电信运营商网络具有覆盖范围大、网络复杂、网络安全要求高、涉及的网络形式多以及多厂商共存等特点。

SDN的转发与控制分离的特点可有效实现设备的逐步融合，降低设备硬件成本。SDN的控制逻辑集中的特点可逐步实现网络的集中化管理和全局优化，有效提升运营效率，提供端到端的网络服务。SDN的网络能力虚拟化和开放化的特点也有利于电信运营商网络向智能化、开放化发展，发展更丰富的网络服务。

5. SDN在互联网公司业务部署中的应用

SDN除了在数据中心内开始大量部署之外，还有一些客户开始考虑把SDN技术应用在运维领域。例如，百度开发了探针服务器，从网络两端发送探测报文探测网络链路质量，但是当探测报文到达网络一侧后，网络会根据最短路径优先算法及哈希表走某一条固定的路径，而无法遍历每条路径，这样就无法探测每条路径的质量。利用SDN技术可以控制探测包的转发路径，从而遍历每条可用路径，获取每条路径的质量。

5.5.2 SDN的未来发展趋势

1. 智能网络理念推动SDN深入应用

未来几年，随着物联网、5G、人工智能等技术和理念的逐步普及，网络承载业务负载的类型和体量将不断变化，网络仅靠单纯的协议优化、功能完善已经很难解决所面临的问题。要想从根本上使网络适应于上层业务，必须从根本上进行网络架构的变革，让网络提升自动化、自优化能力，最终实现自主化的目标，换言之，最终实现智能网络。

从目前来看，SDN的开放性、灵活性和便捷性，是实现智能网络的前提，企业网络必须首先完成软件定义的变革，具备更加开放、灵活的特性，才能进入到智能网络的阶段，而SDN无疑是实现智能网络重要手段。随着企业网络向智能网络的演变，SDN也会在企业网络中继续深入应用，成为智能网络的重要技术。

2. SDN技术融合趋势进一步加剧

无论是人工智能还是智能网络，整个系统都是跨界融合，如无人驾驶，融合了车辆、道路、导航、视觉、网络等多种技术。网络领域的智能化应用不可避免的也一定是技术大融合的趋势，伴随着ICT的不断融合，CT和IT技术都深度影响着网络的发展和变化，其中最典型的就是运营商以网络功能虚拟化（Network Function Virtualization，NFV）为技术基础进行网络重构，将原来的CT网元功能运行在IT基础设施上，目前国内运营商开展了NFV商用试点，是IT与CT技术融合的先行者和实践者。未来随着智能化应用的不断推出，网络还将不断融入包括DT、OT在内的更多技术。

3. 智慧城市和物联网带动SD-WAN应用落地

随着我国越来越多的地区开始智慧城市的建设，大量的行业应用将迁移到城市级云平台，促使城市信息化建设和引入越来越多的新技术，特别是在网络基础架构层面，随着城市级云计算中心、城市级大数据中心的建设，以城市为单位的数据交换、共享、处理将给现有网络带来巨大挑战，特别是在广域网层面，如何更好地在广域网传输数据和管理相关设备将成为智慧城市运营的关键，促进了城市网络架构进一步向部署SD-WAN解决方案演进。未来，SD-WAN将会在智慧城市建设中发挥更大的作用。

同时，智慧城市也带动了物联网的落地实践，尤其在城市的产业升级和改造方面，物联网将发挥更大的作用后，更多规模的终端和人的连接，会对边缘计算的普及起到推进作用，而SDN将会为边缘计算的深入落地起到至关重要的促进作用。

练习题

1. 解释SDN（软件定义网络）的基本概念。
2. 描述SDN与传统的网络架构相比有哪些主要优势。
3. SDN技术的特征包含哪些?
4. 请论述SDN的关键技术。
5. 什么是OpenFlow协议？它在SDN架构中扮演什么角色?
6. 解释SDN在数据中心网络中的应用。
7. 描述SDN在未来网络发展中的潜力及可能的应用场景。

第6章

下一代互联网接入技术

下一代互联网接入技术是指基于新的网络协议，能够提供更快、更稳定、更安全的网络连接技术，包括以太网、HFC、PON、无线网络等。它们都具有传输快、延迟低、容量高的特点，可以满足海量用户不同的业务需求。

下一代互联网接入技术的应用场景非常广泛。在生活方面，用户可以使用高清视频、在线游戏、在线社交等应用程序，享受更流畅的网络体验；在工作方面，企业可以使用云服务、在线会议、虚拟办公等应用程序，提高工作效率和灵活性。此外，下一代互联网接入技术还可以应用于物联网、智能家居、智能交通等领域，推进人类社会智能化的发展进程。本章主要讲述以太网接入技术、HFC接入技术、PON接入技术、无线接入技术。

能力目标

了解以太网接入技术的典型组网、发展及存在的问题。

能够区分以太网接入技术的各种协议和标准。

了解HFC接入定义与特点。

了解HFC接入的基本原理。

熟知EPON、GPON的工作原理。

了解EPON、GPON优缺点与PON技术发展趋势。

熟知各种无线接入技术，知晓在不同网络搭建时应采取何种关键技术。

知识结构

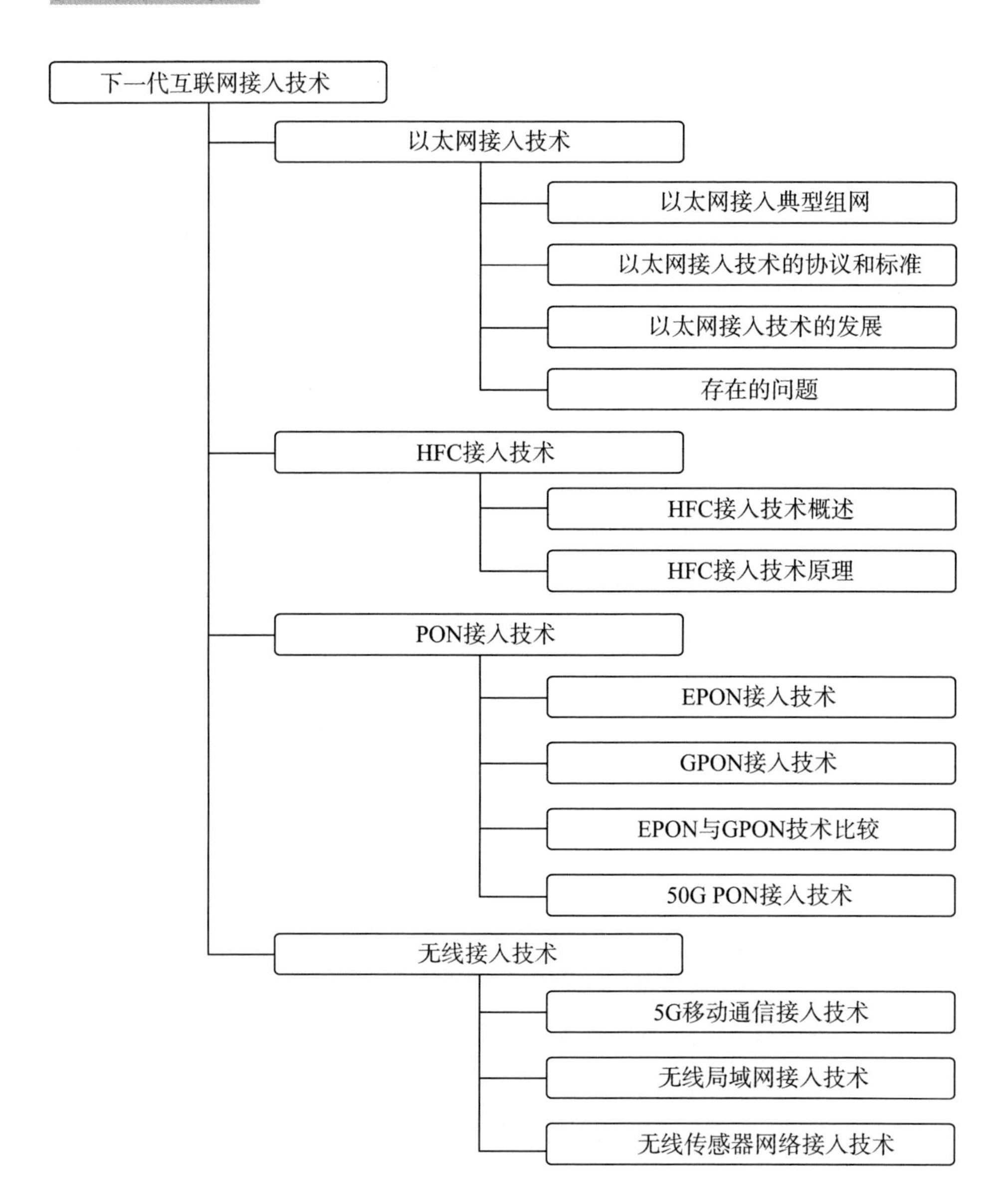
下一代互联网接入技术
以太网接入技术
以太网接入典型组网
以太网接入技术的协议和标准
以太网接入技术的发展
存在的问题
HFC接入技术
HFC接入技术概述
HFC接入技术原理
PON接入技术
EPON接入技术
GPON接入技术
EPON与GPON技术比较
50G PON接入技术
无线接入技术
5G移动通信接入技术
无线局域网接入技术
无线传感器网络接入技术

6.1　以太网接入技术

以太网接入技术是从传统的以太网网络技术发展而来的宽带接入技术，它与传统的局域网络技术有所不同，借用了传统以太网技术的帧结构和接口，但其网络结构和工作方式与传统局域网络几乎完全不同。从应用上看，为了满足用户接入需求，必须增强网络管理能力和可靠性，保证用户接入的带宽，而传统以太网网络技术无法满足这种要求。

目前，以太网接入技术主要通过对交换机、路由器、五类线等技术的应用达到信息的高效传输，具有技术成熟、稳定、安全、平均端口成本低、带宽高、用户端设备成本低等特点，可以实现对多种系统形式的有效兼容，已成为各类用户接入的主导接入技术。

6.1.1　以太网接入典型组网

1. 以太网接入典型组网概述

以太网接入典型组网是指通过以太网接入技术将多个计算机或设备连接在一起，实现数据传输和资源共享的网络结构。以太网是一种基于局域网的通信协议，采用总线或星型拓扑结构，通过CSMA/CD技术实现数据的传输和控制。

2. 以太网接入典型组网结构

以太网接入典型组网的基本结构可以分为总线型结构、星型结构、环形结构、网状结构四种。

（1）总线型结构。总线型结构是最基本的以太网组网结构，由一条高速公用总线连接若干个节点所形成的结构即为总线型结构，如图6-1所示。所有设备共享同一条总线，信息

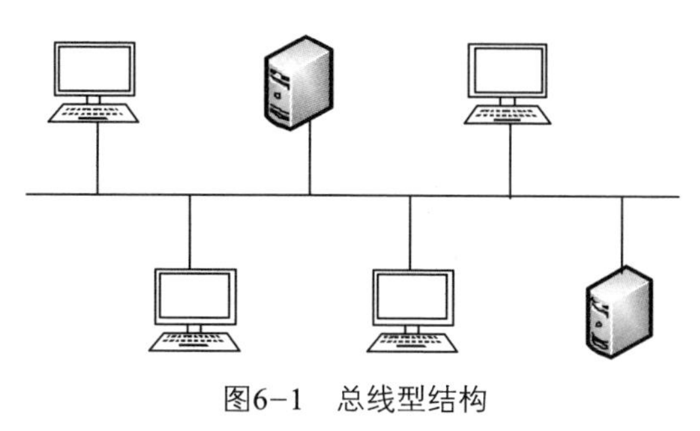

图6-1　总线型结构

的传输是广播式的，任何一个设备发送的信息都可以被其他设备接收。这种结构的优点所需要的电缆数量少，线缆长度短，易于布线和维护，信道利用率高。缺点是常因一个节点出现故障（如接头接触不良等）而导致整个网络不通，因此可靠性不高。

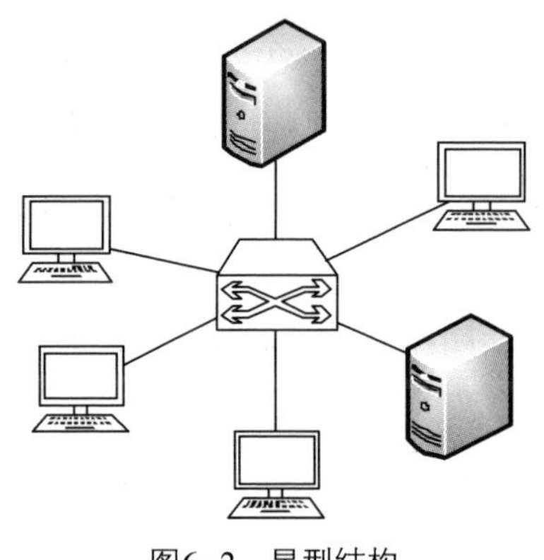
图6-2　星型结构

（2）星型结构。星型结构是一种较为常见的以太网组网结构，它将多台计算机或设备通过中心节点连接在一起，如图6-2所示。中心节点负责信息的交换和转发，各个设备之间不能直接通信，必须通过中心节点进行通信。这种结构的优点是结构简单，连接方便，管理和维护都相对容易，扩展性强；网络延迟较小，传输误差低。缺点是中心节点的故障会导致整个网络瘫痪。

（3）环型结构。环型结构是一种较为复杂的以太网组网结构，它将多台计算机或设备通过环路的方式连接在一起，如图6-3所示。信息在环路上循环传输，任何一个设备都可以接收到其他设备发送的信息。这种结构的优点是传输效率高、可靠性高，缺点是任何一个设备故障都可能导致整个网络瘫痪。

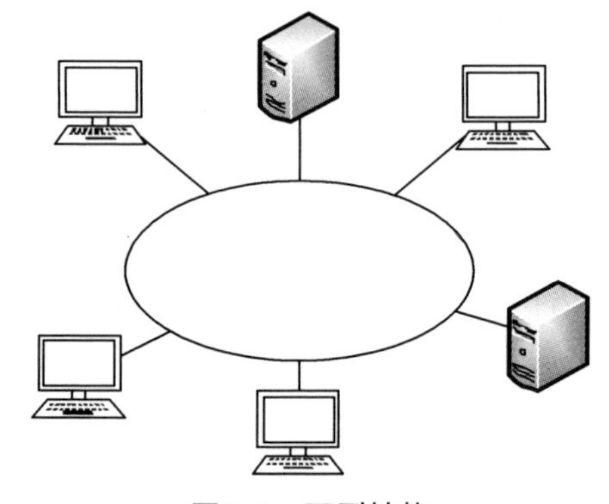
图6-3　环型结构

（4）网状结构。网状结构是一种较为高级的以太网组网结构，它将多个计算机或设备通过网状的方式连接在一起，如图6-4所示。网状结构中每个设备都可以与其他设备直接通信，不存在中心节点或环路上的故障点。这种结构的优点是可靠性高、传输效率高，缺点是构建和维护成本较高。

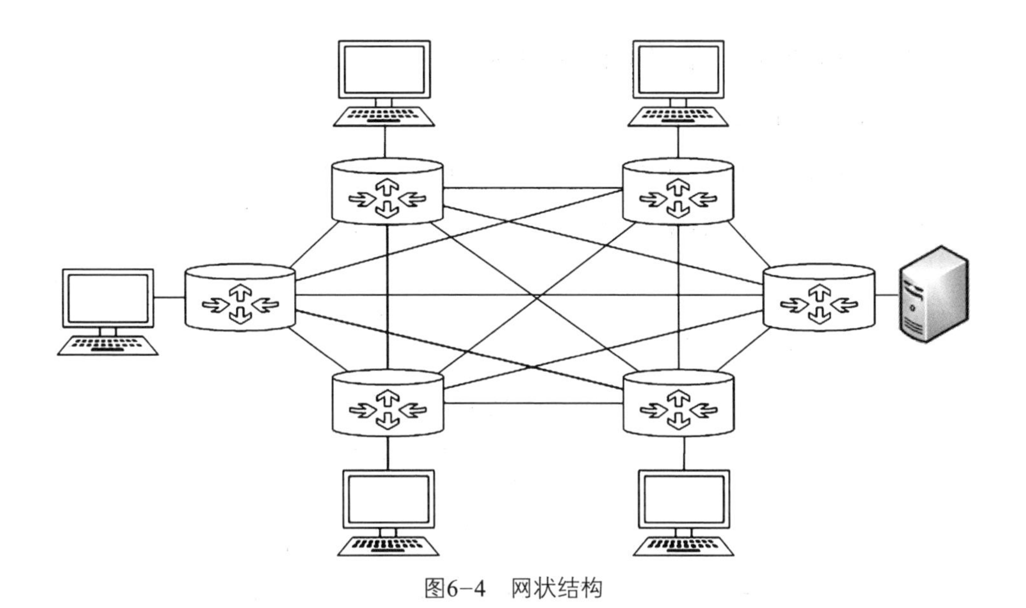

图6-4　网状结构

3. 以太网接入典型组网步骤

以太网是一种基于局域网的计算机网络，通过以太网交换机将多台计算机连接起来，实现相互通信和资源共享。以太网接入典型组网的步骤如下：

（1）确定网络拓扑结构。根据实际需求和网络规模选择合适的网络拓扑结构，如总线型、星型、环型或网状结构。

（2）选择合适的传输介质。以太网常用的传输介质包括双绞线、同轴电缆、光纤等。根据实际需求选择合适的传输介质，如光纤适用于长距离、大数据量的传输，双绞线适用于短距离、小数据量的传输。

（3）确定网络设备的连接方式。根据选择的网络拓扑结构和传输介质，确定网络设备的连接方式。例如，在总线型结构中，计算机或设备需要通过网卡和双绞线连接到总线；在星型结构中，计算机或设备需要通过网卡和集线器连接到中心节点。

（4）设置网络参数。为每个设备配置网络参数，包括IP地址、子网掩码、默认网关等。根据实际需求设置相关参数，确保设备之间的正常通信。

（5）测试网络连通性。完成以上步骤后，可以通过ping命令等工具测试网络的连通性，确保各个设备之间能够正常通信。

6.1.2 以太网接入技术的协议和标准

1. TCP/IP协议栈

以太网接入技术使用TCP/IP协议栈实现数据包的传输和接收，如图6-5所示。TCP/IP协议栈分为四个层次，由上到下分别是：应用层、传输层、网络层和链路层。

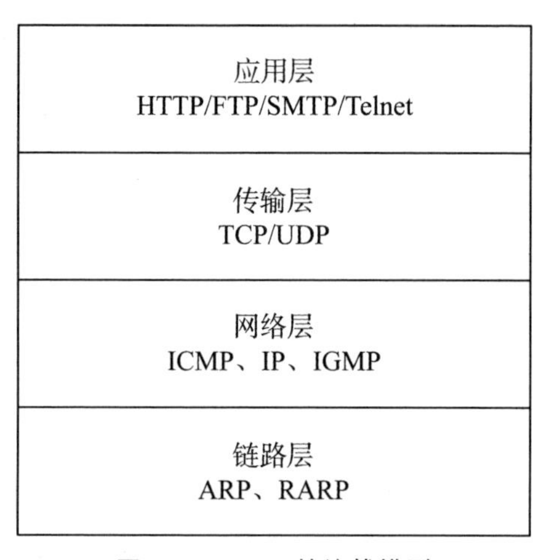

图6-5 TCP/IP协议栈模型

（1）应用层。提供各种网络应用服务，如网页浏览、文件传输和电子邮件等。常用的协议有HTTP（万维网服务）、FTP（文件传输）、DNS（域名解析）、SMTP（电子邮件）、TELNET（远程登录）等。

（2）传输层。为应用程序提供可靠的数据传输服务、数据的分段与重组、拥塞控制等。主要协议是TCP（传输控制协议）和UDP（用户数据包协议）协议。

（3）网络层。提供数据包的路由选择、数据包的分片与重组、错误检测等，保证不同应用类型的数据在Internet上通畅地传输。核心协议是IP协议，还有ARP协议、ICMP协议等。

（4）链路层。接收IP数据包并通过网络发送之，或者从网络上接收物理帧，抽出IP数据报，交给IP层，从而提供数据转换、计算校验和物理地址解析等。常见协议有以太网协议和WiFi协议。

2. IEEE 802.3标准

IEEE 802是指IEEE于1980年2月成立的局域网/城域网标准委员会，它的任务是制定局域网和城域网的一系列标准。

为了使数据链路层能更好地适应多种局域网标准，IEEE 802委员会将局域网的数据链路层拆成两个子层，即逻辑链路控制LLC（Logical Link Control）子层和介质访问控制MAC（Media Access Control）子层。IEEE 802.3是IEEE 802于1983年制定的数据链路层的介质访问控制（MAC）标准，即以太网标准，包括10BASE-2、10BASE-5、10BASE-T等。

（1）10BASE-5。最早实现10 Mbit/s以太网。早期IEEE标准，使用单根RG-11同轴电缆，最大距离为500 m，最多可以连接100台计算机。

（2）10BASE-2。10BASE5后的产品，使用RG-58同轴电缆，最长传输距离约200 m，仅能连接30台计算器。

（3）10BASE-T。使用3类双绞线、4类双绞线、5类双绞线的4根线（两对双绞线），最远长度可达到100 m。

早期以太网采用IEEE 802.3标准，通过同轴电缆或双绞线连接，传输速率为10 Mbps，支持短距离局域网。

3. IEEE 802.3u标准

IEEE 802.3u是IEEE 802于1995年制定的100兆以太网标准，即快速以太网标准。100 Mbps快速以太网标准分为100BASE-T4、100BASE-TX、100BASE-FX三个子类。

（1）100BASE-T4。一种可使用3、4、5类无屏蔽双绞线或屏蔽双绞线的快速以太网技术。它使用4对双绞线，3对用于传送数据，1对用于检测冲突信号。在传输中使用8B/6T编码方式，信号频率为25 MHz，符合EIA586结构化布线标准。

（2）100BASE-TX。一种使用5类数据级无屏蔽双绞线或屏蔽双绞线的快速以太网技术。它使用2对双绞线，1对用于发送，1对用于接收数据。在传输中使用4B/5B编码方式，信号频率为125 MHz。符合EIA586的5类布线标准和IBM的SPT 1类布线标准。

（3）100BASE-FX。一种使用光缆的快速以太网技术，可使用单模和多模光纤（62.5和125 μm）。在传输中使用4B/5B编码方式，信号频率为125 MHz。它使用MIC/FDDI连接器、ST连接器或SC连接器，最大网段长度为150 m、412 m、2000 m或更长至10 km，支持全双工的数据传输。

快速以太网采用IEEE 802.3u标准，通过双绞线或光纤连接，传输速率100 Mbps，支持全双工、长距离的数据传输。

4. IEEE 802.3z标准

IEEE802.3z是千兆以太网技术的标准，定义了基于光纤和短距离铜缆的1000BASE-X，采用8B/10B编码技术，信道传输速度为1.25 Gbit/s，去耦后实现1000 Mbit/s传输速度。IEEE802.3z具有四种传输介质标准，即1000BASE-LX、1000BASE-SX、1000BASE-CX、1000BASE-T。

（1）1000BASE-LX。使用单模光纤或多模光纤作为传输介质，采用8B/10B编码方式，使用长波激光信号源，波长为1270 nm ~ 1355 nm，多模光纤的最大传输距离为850 m，单模光纤的最大传输距离为5 km。

（2）1000BASE-SX。使用多模光纤作为传输介质，可以采用直径为62.5 μm或50 μm的多模光纤，工作波长为770 ~ 860 nm，传输距离为220 ~ 550 m。

（3）1000BASE-CX。使用铜缆作为传输介质，采用8B/10B编码方式，最大传输距离为25 m。它适用于交换机之间的连接，尤其适用于主干交换机和主服务器之间的短距离连接。

（4）1000BASE-T。使用非屏蔽双绞线作为传输介质，传输的最长距离是100 m。它采用比8B/10B更复杂的编码方式。

5. 10G以太网系列标准

10G以太网标准和规范比较繁多，包含2002年的IEEE 802.3ae、2004年的IEEE 802.3ak、2006年的IEEE 802.3an、IEEE 802.3aq以及2007年的IEEE 802.3ap。

10G以太网作为传统以太网技术的一次较大的升级，在原有的千兆以太网的基础上将传输速率提高了10倍，传输距离大大增加，摆脱了传统以太网只能应用于局域网范围的限制，使以太网延伸到了城域网和广域网。

10G以太网技术适用于各种网络结构，可以降低网络的复杂性，能够简单、经济地构建各种速率的网络，满足骨干网大容量传输的需求，解决了城域传输的“瓶颈”问题。10G以太网是实现未来端到端光以太网的基础。近几年又相继推出了多个基于双绞线（6类以上）的万兆以太网规范：10GBASE-CX4、10GBASE-KX4、10GBASE-KR、10GBASE-T。

（1）10GBASE-CX4。10GBASE-CX4规范使用IEEE 802.3ae中定义的XAUI（万兆附加单元接口）和用于InfiniBand中的4X连接器，传输介质称之为“CX4铜缆”（一种屏蔽双绞线），它的有效传输距离仅有15 m。

10GBASE-CX4规范不是利用单个铜线链路传送万兆数据，而是使用4台发送器和4台接收器来传送万兆数据，并以差分方式运行在同轴电缆上，每台设备利用8B/10B编码，以每信道3.125 GHz的波特率传送2.5 Gbps的数据。这需要在每条电缆组的总共8条双同轴信道的每个方向上有4组差分线缆对。另外，与可在现场端接的五类、超五类双绞线不同，CX4线缆需要在工厂端接，由客户指定线缆长度，线缆越长，直径就越大。

（2）10GBASE-KX4和10GBASE-KR。10GBASE-KX4和10GBASE-KR两个规范主要用于设备背板连接中，如刀片服务器、路由器和交换机的集群线路卡，所以又称之为“背板以太网”。万兆背板连接目前已经存在并行和串行两种版本。

并行版本（10GBASE-KX4规范）是背板的通用设计，将万兆信号拆分为四条通道（类似XAUI），每条通道的带宽都是3.125 Gbps。

串行版本（10GBASE-KR规范）中只定义了一条通道，采用64/66B编码方式实现10 Gbps高速传输。10GBASE-KX4使用与10GBASE-CX4规范一样的物理层88/10B编码，10GBASE-KR使用与10GBASE-LR/ER/SR这三个规范一样的物理层648/66B编码。

（3）10GBASE-T。10GBASE-T是基于屏蔽或非屏蔽双绞线，主要用于局域网的万兆以大网规范，最长传输距离为100 m，这是万兆以太网一项革命性的进步。在此之前，普遍认为在双绞线上不可能实现这么高传输速率，原因是运行过程中损耗太大，但该标准使10GBASE-T应用成为现实。

以太网接入技术使用TCP/IP协议栈实现数据包的传输和接收，在不同的阶段分别使用IEEE 802.3、IEEE 802.3u、IEEE 802.3z和10G以太网系列标准定义了以太网、快速以太网、千兆以太网和万兆以太网的物理层和数据链路层。这些协议和标准的演进和发展，使以太网接入技术能够适应不断变化的需求和技术的发展。

6.1.3 以太网接入技术的发展

以太网作为局域网的标准协议，已经成为现代计算机网络的重要组成部分。随着互联网流量的不断增加，以太网接入技术也在不断发展和演进。近年来，出现了一些新的以太网接入技术，这些技术旨在提高网络的性能、可靠性和安全性。目前最新的以太网接入技术包括RPR、以太网通道、虚拟化以太网等。

1. RPR技术

以太网作为局域网的标准协议，已经成为现代计算机网络的重要组成部分。然而，随着互联网流量的不断增长，传统的以太网技术已经难以满足不断扩大的数据传输需求。在这种背景下，RPR技术应运而生，它为以太网接入技术带来了革命性的改变。

（1）RPR技术的概念。RPR是一种支持环形拓扑结构的以太网接入技术，可以在环的两个方向上动态地统计复用各种业务，同时还能为每个用户、每种业务保留带宽和服务质量，从而最大限度地利用光纤的带宽，简化网络配置和运行，加快业务部署。RPR还具有较好的带宽公平机制和拥塞控制机制。

（2）RPR技术的优势。

① 环形的拓扑结构。RPR采用了环形的拓扑结构，使数据可以在环路上双向传输，从而提高了传输效率。与传统的以太网技术相比，RPR的这种环形结构可以更好地应对网络故障，提高网络的可靠性。

② 统计复用。RPR技术可以实现多种业务在同一环路上统计复用，从而最大限度地利用带宽。这意味着即使在高峰期，RPR也可以保证各种业务的

稳定传输，避免了网络拥塞和延迟。

③ 公平性和服务质量。RPR技术具有较好的带宽公平机制和拥塞控制机制，可以保证各种业务在传输过程中的公平性和服务质量。这意味着即使在网络拥塞的情况下，RPR也可以保证关键业务的稳定传输。

④ 快速保护倒换。RPR技术具有快速保护倒换机制，可以在几十毫秒内完成故障修复和倒换，从而保证了网络的稳定性和可靠性。

RPR技术的优势使其成为一种高性能、可靠的网络接入技术。它不仅可以提高网络带宽和可靠性，还可以降低网络设备的成本和管理复杂性。随着互联网流量的不断增长和业务需求的不断变化，RPR技术将在未来的网络发展中发挥越来越重要的作用。

2. 以太网通道技术

以太网通道（Ether Channel）技术是一种用于提高以太网网络性能和可靠性的技术。它可以将多个物理以太网端口绑定在一起，形成一个逻辑通道，从而提高网络的带宽和可靠性。

以太网通道技术具有以下优势：

（1）带宽聚合。以太网通道可以将多个物理以太网端口的带宽聚合在一起，形成一个逻辑通道，从而提高网络的带宽。这种带宽聚合可以增加网络的数据传输能力和吞吐量。

（2）负载均衡。以太网通道可以通过负载均衡算法将数据流量分配到各个物理端口上，从而实现网络资源的优化利用。负载均衡可以避免网络拥堵和性能瓶颈，提高网络的性能和响应速度。

（3）冗余和容错。以太网通道可以在某个物理端口出现故障时自动切换到其他正常的端口上，从而提高网络的可靠性和容错能力。这种自动切换可以减少网络的中断时间和数据丢失。

（4）配置和管理。以太网通道可以通过配置和管理工具进行配置和管理，从而实现网络资源的灵活管理和分配。这种配置和管理可以简化网络管理的复杂度，提高网络管理的效率和准确性。

3. 虚拟化以太网技术

随着网络技术的不断发展，虚拟化以太网技术已经成为网络架构中的重要组成部分。虚拟化以太网技术是一种将多个物理以太网端口虚拟成一个逻辑端口的网络技术。它可以实现网络资源的灵活管理和分配，提高网络的性能和可靠性。

（1）虚拟化技术概述。虚拟化技术是指将一个物理资源抽象成多个虚拟资源的过程。在虚拟化以太网中，物理以太网端口被抽象成逻辑端口，从而实现网络资源的灵活管理和分配。虚拟化以太网技术可以分为软件虚拟化和硬件虚拟化两种。

① 软件虚拟化。软件虚拟化是一种管理应用程序和分发的方式，它使用虚拟化软件来创建和管理虚拟环境。虚拟化软件可以在一台主体电脑上建立并执行多个虚拟化环境，每个环境都可以安装并运行一个操作系统和应用程序。

在软件虚拟化环境中，每个应用程序都被封装成一个独立的单元，称为虚拟软件。这些虚拟软件是独立的，并且可以在任何虚拟环境中进行部署和运行。

② 硬件虚拟化。硬件虚拟化是一种将物理计算机资源（如CPU、内存、网络等）进行虚拟化的技术，它通过在物理计算机上创建一个虚拟环境，使得多个操作系统和应用程序可以在同一个物理计算机上运行，而不会互相干扰。

硬件虚拟化对用户隐藏了真实的计算机硬件，表现出另一个抽象计算平台。在计算机集群中，许多小型服务器正在被一个大型服务器取代，以增加硬件资源的利用率。大型服务器可以“寄宿”多个“客户”虚拟机，虚拟机比物理机器更容易控制、检查、配置。虚拟机访问硬件资源（如网络、显示器、键盘、硬盘）受统一管理，被限制在比访问处理器和系统内存更高的层级。

（2）虚拟化以太网接入技术原理。虚拟化以太网的接入技术原理是将多个物理以太网端口虚拟成一个逻辑端口。在虚拟化以太网中，多个物理端口可以共享同一个MAC地址，逻辑端口负责将数据流量分配到不同的物理端口上。这种技术可以实现网络资源的灵活管理和分配，提高网络的性能和可靠性。

（3）虚拟化以太网接入技术的优势。

① 简化网络管理。通过将多个物理以太网端口虚拟成一个逻辑端口，可以简化网络管理的复杂度。管理员只需要管理逻辑端口，不需要管理每个物理端口。这可以提高网络管理的效率和准确性。

② 提高网络性能。虚拟化以太网技术可以通过负载均衡算法将数据流量分配到不同的物理端口上，从而实现网络资源的优化利用。这可以提高网络的性能和响应速度。

③ 提高网络可靠性。当某个物理端口出现故障时，虚拟化以太网技术可以自动将数据流量切换到其他正常的物理端口上。这可以提高网络的可靠性和容错能力。

6.1.4 存在的问题

1. 网络结构问题

对于电信级的宽带接入来说，网络结构是业务承载和管理的基础，以太网接入结构区别于终端级的局域网，侧重于汇接局侧设备和用户设备的组成。不能简单地通过路由器来完成端口和MAC地址的映射管理，用户终端也不能够通过以太网交换机隔离单播数据帧，只能对以太帧进行复用和解复用。以太网对于用户端到端的性能保证和实时性业务的处理能力低下，这是以太网接入技术中存在的最大问题。

通过目前的一些改进方式，对用户端进行限制，结合链路层的功能，用户在物理层和链路层方面互为隔离，具备了一定的安全性。通过局侧设备对用户设备进行限制，从而动态改变端口速率，满足实时业务处理要求。并且通过这种管理方式可以改善并支持认证、授权管计费的功能，并实现IP地址的动态分配。

2. 认证计费问题

宽带接入不同于局域网应用，局域网应用中只具备网元级的管理系统，而公共电信网必须对分散的网络进行管理，认证计费问题存在一定的限制，无法很好地进行处理。随着宽带事业的发展，针对不同用户的差别化服务和统一管理，相应的认证方案和计费方式就需要更为细化的管理。

在常规的网络认证中，用户都是通过DHCP服务器获得相应的地址，因此必然存在着用户端的地址更换问题，而传统以太网技术很难解决相关的问题，就存在了地址浪费，这会影响整体公网的管理，增加管理难度，甚至造成大面积欠费等。从传统的PSTN窄带拨号接入技术上发展而来的PPPoE技术则依据以太网接入技术进行了延伸，计费和验证方式更为准确，有利于网络的维护和管理。

3. 安全管理问题

在宽带接入网络中，需要对用户的广播信息进行保护，进行单一性的标识认证，从而保证数据的安全性。以太网技术的OAM能力较差，在大型的分散型网络中内置保护功能缺失，所以对于电信级的数据信息传送安全性有一定的缺陷。而且以太网接入结构复杂，故障点较多，因此在后期的维护中较为困难，维护方式与传统接入方式也有一定的差别。

6.2 HFC接入技术

6.2.1 HFC接入技术概述

与电话交换网一样，有线电视网络也是一种覆盖面广的传输网，被视为解决互联网宽带接入“最后一千米”问题的最佳方案。

20世纪70年代，有线电视网仅能提供单向的广播业务，当时网络以简单共享同轴电缆的分支或树状拓扑结构组建。随着交互式视频点播、数字电视技术的推广，用户点播与电视节目播放必须使用双向传输的信道，产业界对有线电视网络进行了大规模双向传输改造。光纤同轴电缆混合网（Hybrid Fiber Coaxial，HFC）就是在这样的背景下产生的。

1. HFC技术定义

HFC是指光纤同轴电缆混合网，采用光纤到服务区，“最后一千米”采用同轴电缆。HFC技术是借助于光纤和同轴电缆共同作用所达成的一种技术手段，有线电视就是最典型的HFC网。在实际应用过程中，首先把有线电视信号转换为自身所要求的光信号，再将转换以后的光信号发送到用户端，本质上是把电信号转换成光信号。和其他接入网技术相比而言，此项技术所具备的优势主要体现在传输的信息内容总量规模巨大，并且可同时支持双向化信号发送。除此之外，HFC技术有良好的稳定性，符合当前接入网标准要求。HFC结构如图6–6所示。

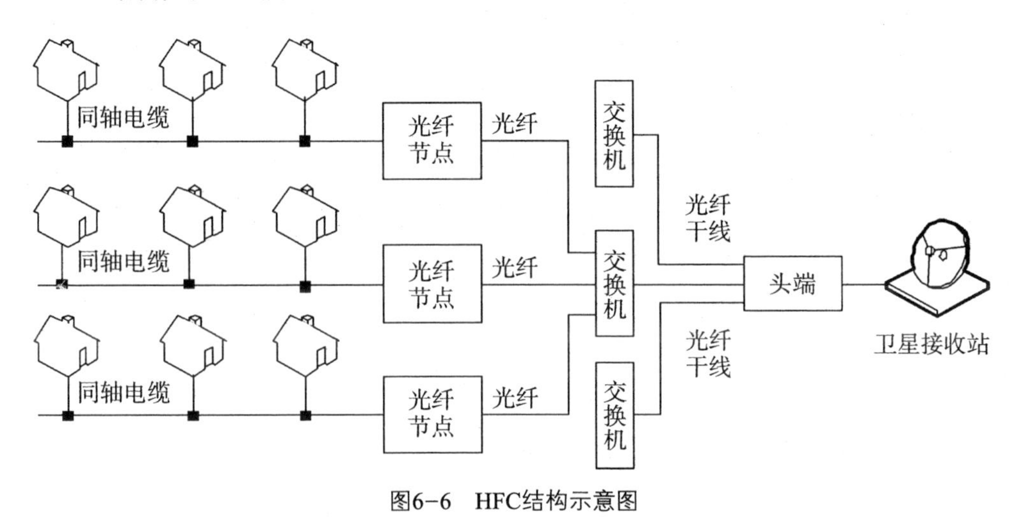

图6–6　HFC结构示意图

2. HFC接入技术的特点

HFC技术是一种将光纤和同轴电缆结合使用的宽带接入技术，它结合了光纤的高带宽和同轴电缆的分布网络优势，提供了一种高效、灵活的宽带接入解决方案。HFC技术特点体现在以下几个方面：

（1）高带宽。HFC接入技术利用光纤的高带宽特性，可以提供高速的数据传输速率。具体来说，HFC可以提供非常快速的互联网接入和数字电视服务，满足用户对高带宽的需求。

（2）双向传输。HFC接入技术可以实现数据的双向传输，支持语音、视频和数据业务。用户可以同时接收和发送数据，实现交互式应用和服务。

（3）灵活的接入方式。HFC接入技术可以根据用户需求提供不同的接入方式，如单向广播式、双向交互式等。HFC技术能够适应不同的用户需求和业务场景。

（4）广泛的覆盖范围。HFC接入技术可以利用光纤和同轴电缆的优点，实现广泛的覆盖范围。它可以覆盖从局端到用户的整个区域，为用户提供可靠的宽带接入服务。

（5）综合业务支持。HFC接入技术可以支持多种业务，如电视节目、数据业务、语音通信等。HFC技术能够满足不同用户的需求，提供综合的业务解决方案。

（6）较低的维护成本。HFC接入技术具有较低的维护成本，因为它的传输距离较短，故障率较低。此外，HFC技术的成熟性和稳定性也使得维护成本相对较低。

（7）良好的兼容性。HFC接入技术具有良好的兼容性，它可以与现有的有线电视网络和电话网络实现无缝连接和兼容。使得HFC技术在升级和扩展时能够充分利用现有的网络资源，降低成本。

3. HFC系统组成

HFC系统的典型结构由馈线网、配线网和用户引入线3部分组成，如图6-7所示。

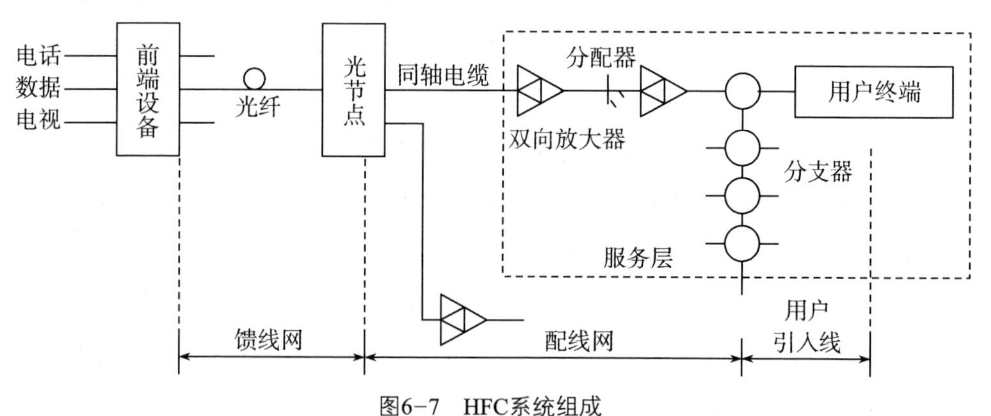

图6-7 HFC系统组成

（1）馈线网。馈线网是从前端（局端）至光节点之间的部分，大致对应有线电视网络的干线段。它由光缆线路组成，多采用星型结构。馈线网负责将信号从局端传输到光节点，通常采用光纤作为传输介质。

（2）配线网。配线网是指从光节点至分支点之间的部分，类似于有线电视网络中的树型同轴电缆网，其覆盖范围已扩大到5 ~ 10 km。配线网负责将信号从光节点传输到分支点，通常采用同轴电缆作为传输介质。

（3）用户引入线。用户引入线是指从分支点至用户之间的部分，其中分支点的分支器负责将配线网送来的信号分配给每一个用户。引入线负责将射频信号从分支器送给用户，通常传输距离仅几十米左右。与传统有线电视网络不同的是，HFC系统的分支器允许交流电源通过，以便为用户话机提供震铃电流。

HFC系统通过将光纤和同轴电缆混合使用，实现了高速、双向的数据传输和广泛的覆盖范围。同时，HFC系统还提供了丰富的业务服务，如电视节目、数据业务、语音通信等，满足了不同用户的需求。

4. HFC应用场景

作为一种高效、灵活的宽带接入解决方案，HFC技术广泛应用于住宅小区、商业区域、农村地区、医疗机构、教育机构、公共设施以及交通运输等各种应用场景，为用户了提供高速、可靠、综合的宽带接入服务。

（1）住宅小区。住宅小区是HFC接入技术的主要应用场景之一。在住宅小区中，用户可以利用HFC接入技术实现高速上网、观看高清电视等。HFC网络可以覆盖整个小区，为用户提供可靠的宽带接入服务。

（2）商业区域。商业区域中的办公楼、商场、酒店等建筑物也可以利用HFC接入技术实现高速上网、视频会议。HFC网络可以在建筑物内覆盖广泛的区域，为用户提供高速、可靠的宽带接入服务。

（3）农村地区。农村地区由于地理环境的限制，宽带接入服务相对较为困难。但是，HFC接入技术可以利用光纤和同轴电缆的优点，实现广泛的覆盖范围，为农村地区提供高速、可靠的宽带接入服务。

（4）医疗机构。在医疗机构中，HFC接入技术可以提供高速的数据传输速率和综合的业务支持，满足医疗机构对高带宽和可靠性的需求。例如，HFC可以支持医疗影像的传输、远程医疗等业务。

（5）教育机构。教育机构需要大量的数据传输和交互式应用，HFC接入技术可以满足这一需求。HFC支持在线教育、远程教育等业务，可以提高教育机构的教学质量和效率。

（6）公共设施。公共设施需要提供广泛的宽带接入服务，HFC接入技术可以满足这一需求。例如，在图书馆、博物馆、公园等公共场所，HFC可以提供高速上网、视频点播等服务，方便用户获取信息。

（7）交通运输。在交通运输领域，HFC接入技术可以支持高速数据传输和多媒体应用。例如，在高铁、地铁、机场等交通枢纽中，HFC可以提供旅客信息查询、视频监控等服务。

6.2.2 HFC接入技术原理

HFC网络具有高速数据传输、低延迟、视频质量高等特点。由于HFC网络采用了模拟电视信号和数字数据信号的混合传输方式，因此可以实现高质量的视频传输。同时，HFC网络还具有灵活的组网方式、丰富的业务支持等优点。为深入理解HFC接入技术原理，下面从HFC网络结构、信号传输、调制解调、数据编码等方面对其进行阐述。

1. HFC网络结构

HFC网络是一种基于光纤和同轴电缆混合传输的CATV网络。它以光纤作为传输干线，将信号传输到服务区，然后使用同轴电缆分配到各个用户。HFC网络结构通常包括头端（前端）、光纤节点和用户终端。如图6-8所示。

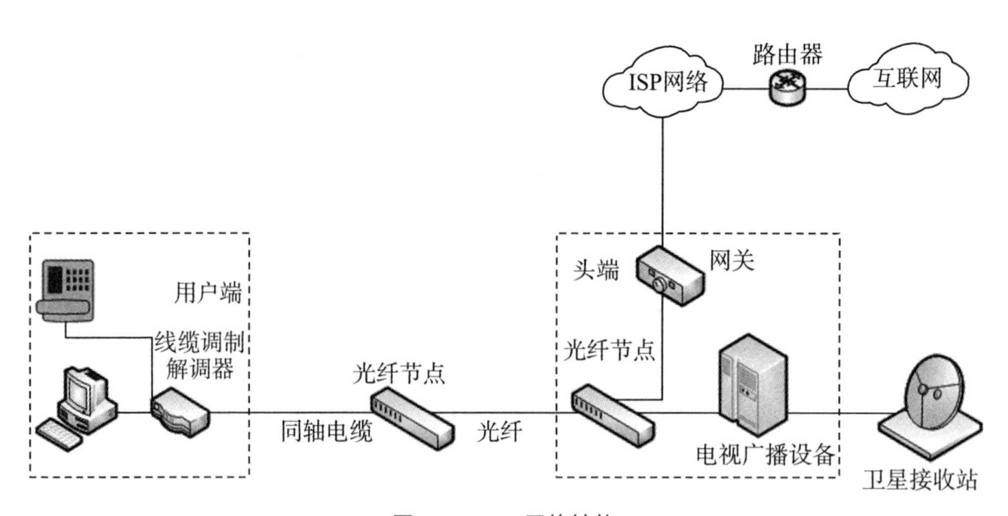

图6-8　HFC网络结构

（1）头端：是HFC网络的核心，负责将电视节目和数据信号传输到光纤节点。头端主要包括信号接收设备、调制设备、混合设备、光发射机和网管系统等。信号接收设备负责接收电视节目和数据信号，调制设备将电视节目信号调制为适合在光纤中传输的QAM（Quadrature Amplitude Modulation）信号，混合设备将QAM信号和数据信号混合在一起，光发射机将混合后的信号转换成光信号，最后通过光纤传输到光纤节点。

（2）光纤节点：是HFC网络的关键部分，负责将头端传输的光信号转换成电信号，并分配到各个用户终端。光纤节点主要包括光接收机、电放大器、QAM解调器、混合器等设备。光接收机将前端传输的光信号转换成电信号，电放大器对电信号进行放大，QAM解调器将QAM信号解调成电视节目信号，混合器将电视节目信号和数据信号混合在一起，最后通过同轴电缆分配到各个用户终端。

（3）用户终端：是HFC网络的终端设备，它负责接收电视节目和数据信号，并将其分别传输到电视机和计算机等设备。用户终端主要包括电视机、计算机、调制解调器等设备。电视机用于接收电视节目信号，计算机用于接收数据信号，调制解调器用于将数据信号转换成计算机能够识别的格式。

2. 信号传输

在HFC网络中，信号传输采用模拟电视信号和数字数据信号的混合传输方式。模拟电视信号用于传输普通的电视节目，而数字数据信号则用于传输互联网数据和其他数字多媒体内容。在头端，模拟电视信号经过调制处理后，与数字数据信号混合，然后通过光纤传输到光纤节点。在光纤节点处，模拟电视信号和数字数据信号被分离出来，并分别传输到用户终端。

HFC采用非对称的传输速率，上行信道（用户终端到头端）的最大速率可达到10 Mb/s，下行信道（头端到用户终端）的最大速率可达到36 Mb/s。由于下行信道只有一个头端，因此下行信道是无竞争的。上行信道由接到同一根同轴电缆的多个线缆调制解调器共享。如果是10个用户共同使用，则每个用户平均获得1 Mb/s带宽，因此上行信道属于有竞争信道。

3. 调制解调

在HFC网络中，调制解调技术是实现信号传输的关键。模拟电视信号通常采用QAM调制技术，而数字数据信号则采用更先进的调制技术如64QAM、256QAM等。在头端，模拟电视信号被调制为QAM信号（QAM信号具有较高的频带利用率和较强的抗干扰能力，适合在光纤中传输），然后与数字数据信号混合。在用户终端，QAM信号被解调成模拟电视信号，而数字数据信号则被解调成原始数据。

4. 数据编码

在HFC网络中，数字数据信号需要进行数据编码处理。数据编码是将原始数据转换成可以在网络中传输的数据格式的过程。在HFC网络中，通常采用MPEG-2编码技术对数据进行编码处理。MPEG-2编码技术可以将音频、视频和其他多媒体数据转换成可以在CATV网络中传输的数据流。

5. HFC接入技术的工作原理

（1）头端中的光纤节点对外连接大带宽的主干光纤，对内连接有线广播设备与计算机网络的HFC网关。电视广播设备实现电视节目播放与交互式点播，HGW为接入HFC的计算机提供互联网访问。

（2）光纤节点将光纤干线和同轴电缆连接起来，通过同轴电缆下引线为几千个用户服务。光纤节点首先通过光接收器将头端传输的光信号转换成电信号，然后使用电放大器对电信号进行放大，同时QAM解调器将QAM信号解调成电视节目信号，混合器再将电视节目信号和数据信号混合在一起，最后通过同轴电缆分配到各个用户终端。

（3）用户终端的电视机与计算机连接到线缆调制解调器。它与入户的同轴电缆连接，将下行电视信道的电视节目传送给电视机，将下行数据信道的数据传送给计算机，将上行数据信道的数据传送给头端。

6.3 PON接入技术

6.3.1 PON接入技术概述

PON（Passive Optical Network，无源光网络）接入技术是一种典型的无源光纤网络，是指光分配网络中不含任何电子器件及电子电源，光分配网络（Optical Distribution Network，ODN）全部由无源光分路器Splitter等无源器件组成。一个无源光网络包括一个安装于中心控制站的光线路终端（Optical Line Terminal，OLT），以及一批配套的安装于用户场所的光网络单元（Optical Network Unit，ONU）。PON组成结构如图6-9所示。

PON技术从产生到现在，技术标准演进历经了APON、BPON、GPON、EPON。目前，APON、BPON已经完全退出了历史舞台，演进至10G PON阶段。下面，重点介绍当时已经成为行业主流的EPON和GPON。

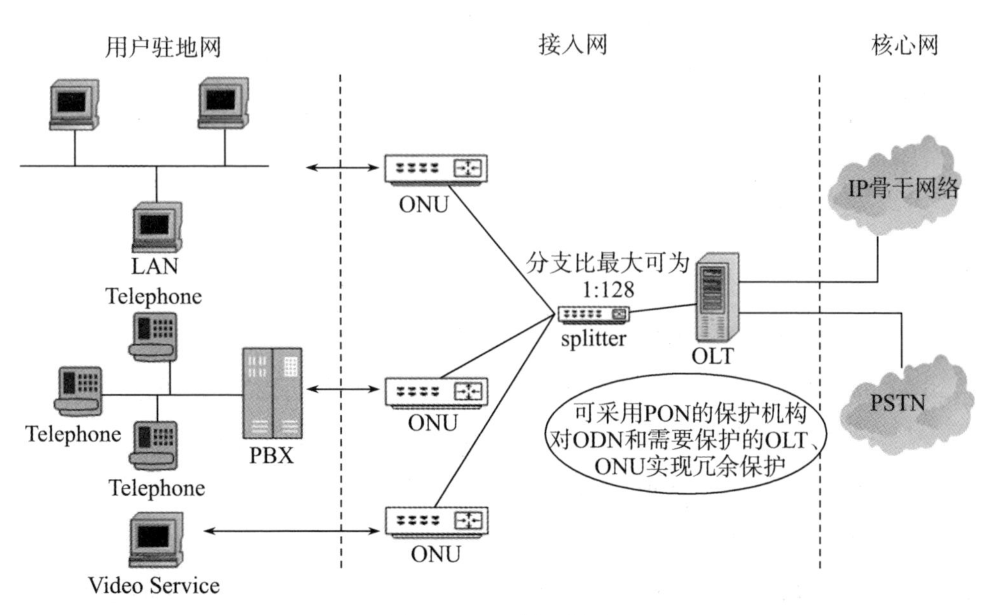

图6-9 PON组成结构

6.3.2 EPON接入技术

1. 概述

EPON（Ethernet Passive Optical Network）接入技术是基于以太网的PON技术。它采用点到多点结构、无源光纤传输，在以太网之上提供多种业务。EPON技术由IEEE802.3 EFM工作组进行标准化。2004年6月，IEEE802.3 EFM工作组发布了EPON标准-IEEE802.3ah，2005年并入IEEE802.3-2005标准。在该标准中将以太网和PON技术结合，在物理层采用PON技术，在数据链路层使用以太网协议，利用PON的拓扑结构实现以太网接入。因此，它综合了PON技术和以太网技术的优点：低成本、高带宽、扩展性强、与现有以太网兼容、方便管理等。

2. EPON工作原理

（1）单纤双向传输机制。EPON系统采用波分复用（Wavelength Division Multiplexing，WDM）技术，实现单纤双向传输。单纤两波长传输结构如图6−10所示。

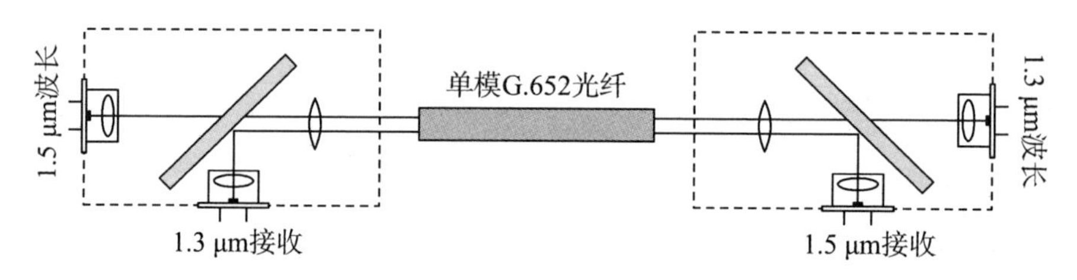

图6−10　单纤两波长传输结构

10 Gbit/s通道下行的中心波长应为1577 nm，波长范围为1575 ~ 1580 nm；10 Gbit/s通道上行的中心波长应为1270 nm，波长范围为1260 ~ 1280 nm。

例如，要实现CATV等模拟视频业务的承载，应使用的下行中心波长为1550 nm，波长范围为1540 ~ 1560 nm，且光纤为单模G.652光纤。

（2）工作原理

为了分离同一根光纤上多个用户的不同方向的信号，下行数据流采用广播技术，上行数据流采用TDMA技术。

① 下行数据采用广播技术。在EPON信号的传输过程中，下行数据采用

广播方式从OLT发给多个ONU，根据IEEE 802.3协议，这些数据包的长度是不定的，最长的可以达到1518个字节。在每个数据包当中都有着各自的目的地址信息，也就是说每一个包携带的信头要表明数据是给ONUl、ONU2还是ONUn。可以发给所有ONU的称为广播包，发给特殊的一组ONU称为组播包。数据流通过无源光分路器后分为n路独立的信号，每路信号都含有发给所有特定的数据包。当ONU接收到数据流时，各个ONU根据特定的地址信息提取出发给自己的数据包，丢弃那些地址信息与自己不同的数据包。EPON下行数据发送原理如图6-11所示。

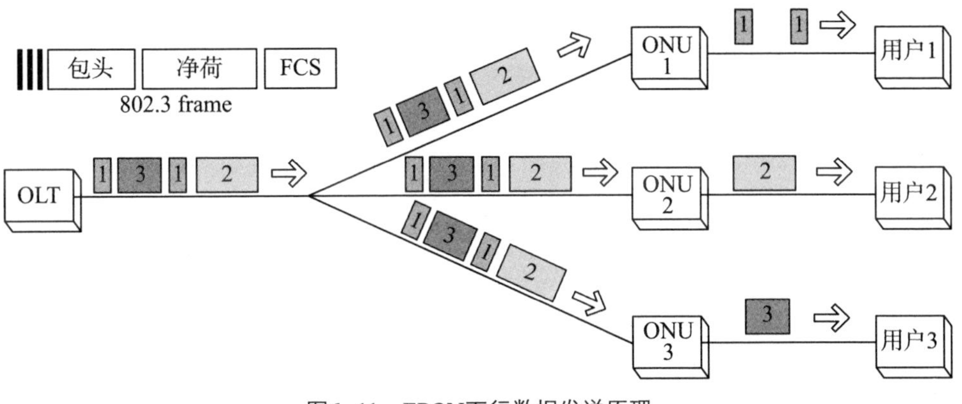

图6-11　EPON下行数据发送原理

② 上行数据采用时分多址技术。在EPON信号的传输过程中，上行数据采用时分多址接入方式从多个ONU发给OLT。每个ONU都分配一个传输时隙，这些时隙是同步的，当数据包耦合到一根光纤中时，不同ONU不会产生干扰。例如，ONUl在第1个时隙传输数据包1，ONU2在第2个没有占用的时隙传输数据包2，ONUn在第n个没有占用的时隙传输数据包n，这样可以避免传输冲突。EPON上行数据发送原理如图6-12所示。

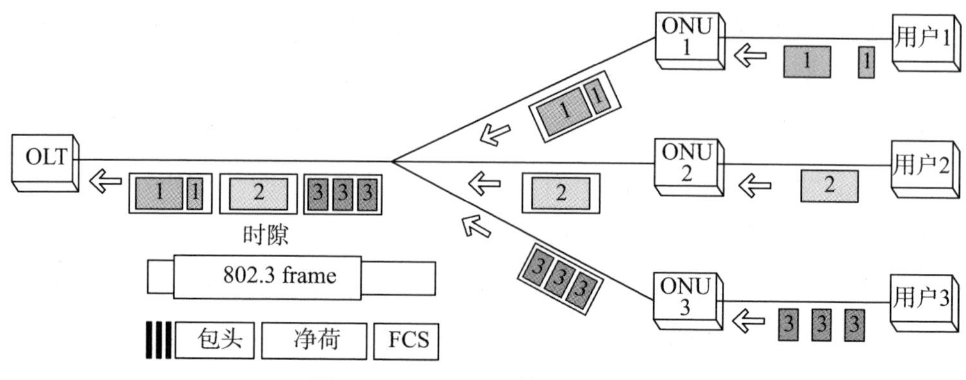

图6-12　EPON上行数据发送原理

6.3.3　GPON接入技术

1. 概述

GPON（Gigabit-capable passive optical network）接入技术是基于ITU-TG.984.x标准的最新一代宽带无源光综合接入技术，具有高带宽、高效率、大覆盖范围、用户接口丰富等众多优点，是被大多数运营商视为实现接入网业务宽带化、综合化改造的理想技术。

2. GPON工作原理

GPON系统采用同EPON系统一样采用WDM，下行波长为1490 nm，上行波长为1310 nm，实现单纤双向传输。

（1）GPON的下行数据，在1490 nm的波长上采用广播技术。对于下行的广播数据，所有的ONU都能收到相同的数据。无源光分路器上光功率是有衰减的，比如1：32的光分路器，经过光分路器的光功率是原来光功率的1/32，而传输的数据并没有任何损失，只要光路通、衰减在预算范围内，ONU可以正常激活上线。GPON下行数据发送原理如图6-13所示。

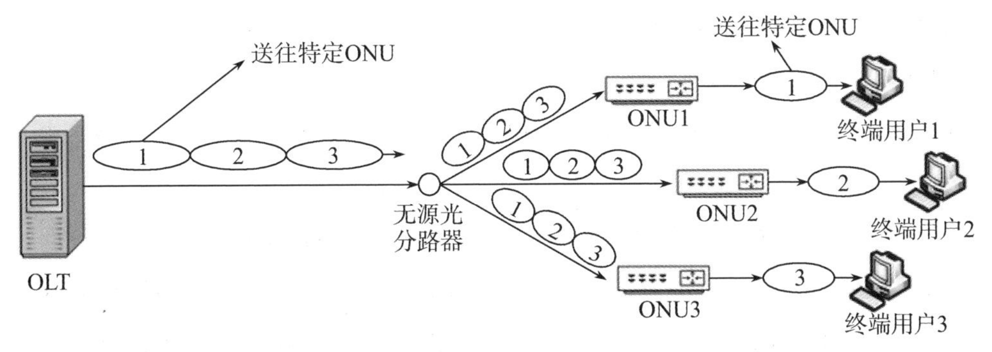

图6-13　GPON下行数据发送原理

（2）GPON的上行数据，在1310nm的波长上采用TDMA技术。上行链路被分成不同的时隙，根据下行帧的Upstream Bandwidth Map字段来给每个ONU分配上行时隙，这样所有的ONU就可以按照一定的秩序发送自己的数据，不会为了争夺时隙而冲突。GPON上行数据发送原理如图6-14所示。

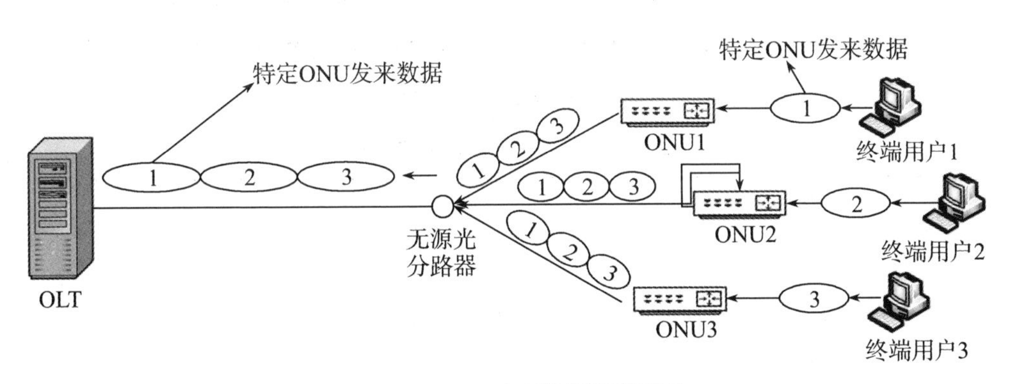

图6-14　GPON上行数据发送原理

如果此过程中不采用TDMA方式，上行数据在OLT到分光器的主干光纤上必然会发生碰撞。例如，假设ONU1和ONU2到分光器的距离一样，且同时以相同的速度向OLT发送数据，那么两个信号必然同时到达分光器，而分光器是一个无源的物理分光的硬件，分光器上造成的这种碰撞是无法避免的。如果上行采用TDMA方式，上行数据各自按照不同的时隙在不同的时间段向OLT发送信号，通过延时算法保证信号在到达分光器时可以错开，从而避免产生碰撞。

既然上行数据在不同的时隙传输数据，则ONU需要了解在哪个时隙来传输数据，具体的时间段由OLT来确定。由于ONU之间不了解彼此的状态，必然也无法确定自己的上传时间。GPON中由OLT指定ONU上行时隙，给每个ONU下发消息通知它们每个ONU的上行时间段，那么ONU就严格按照这个时间段来上传数据，这样就可以保证上行数据不冲突。

在G.984.3协议中，OLT在下行帧的Upstream Bandwidth Map字段里面携带了ONU的上行时间信息，通知每个ONU的上行时间段，通过下行帧的Upstream Bandwidth Map字段来给每个ONU分配上行时隙，那么所有的ONU就可以按照一定的秩序发送自己的数据了，不会为了争夺时隙而冲突，这一点与EPON原理相似。

6.3.4 GPON与EPON技术比较

针对GPON和EPON技术的不同特点，对两种技术做出分析，如表6-1所示。

可以发现，EPON和GPON各有优劣。简单来说，GPON带宽更大，带的用户更多，效率更高，但实现起来也更复杂，所以成本也更高。

表6-1　GPON和EPON技术对比

对比项	GPON	EPON
标准	ITU.T G.984.x	IEEE 802.3ah
速率	2.488 Gbit/s或1.244 Gbit/s	1.25 Gbit/s或1.25 Gbit/s
分光比	1：64～1：128	1：16～1：32
承载	ATM、Ethernet、TDM	Ethernet
带宽效率	92%	72%
QoS	非常好	好
	Ethernet、TDM、ATM	以太网
光预算	Class A/B/B+/C	Px10/Px20
DBA	标准格式	厂家自定义
ONT互通	OMCI	无
OAM	ITU-T G.984（强）	Ethernet OAM（弱，厂家扩展）

从国内的市场份额来看，EPON当时在中国电信被普遍采用，而GPON更受中国联通和中国移动的欢迎。

EPON和GPON都是1 Gbps级别的PON。1 Gbps不是用户端的速率。EPON和GPON只能给用户提供100 Mbps的速率。很显然，随着时代的发展，这个速率无法满足家庭和企业用户的需求。于是，PON开始向10 Gbps级别的演进。

从技术的角度来说，10G PON的升级替换其实也很方便，基本上可以在现有硬件架构的基础上直接升级。OLT、ODN、ONU三大部分中，ODN几乎是完全不变的，就是一个管道，可以用几十年。局端设备OLT和原有GPON/EPON平台可以不变，只需要升级更换大容量的接口板就行。用户端ONU更换比较简单，根据用户需求，逐步淘汰替换即可。

6.3.5 50G PON接入技术

随着视频业务成为宽带网络的基础业务，以及PON技术逐步从家宽领域向政企行业领域拓展，如远程医疗、工业智能制造、厂矿通信等，一方面对带宽提出了更高的要求，另一方面对时延、丢包、抖动及业务质量和用户体验也提出了相应的要求。比如VR业务，其带宽要求超过1 Gbps，用户体验提升需要5 ms低时延，而远程医疗的端到端通信时延小于50 ms，且抖动小于200 μs。

2018年2月，国内光接入网产业界成功推动了50G TDM-PON标准立项，标志着ITU-T在下一代PON标准研究领域迈出关键一步，也进一步明确了国内PON的未来技术演进路线。

50G PON支持不同PON技术路线的融合升级，实现了产业标准统一。50G PON作为全光万兆发展的基础技术，符合中国电信的发展战略和网络升级路径。

中国电信上海公司提出万兆时代的基本特征是云网融合，存在三大业务驱动力是差异需求、沉浸交互和泛在感知，三大驱动力与基本特征关系，如图6-15所示。深入研究分析了万兆时代家庭数字生活、行业数字转型和城市数字基础设施等领域的典型应用，指出通过打造基于50G PON的全光万兆底座，可以实现带宽换时延、带宽换算力，将极大地加速新型数字应用的普及，带来极致的业务体验，促进新一代信息基础设施的建设。

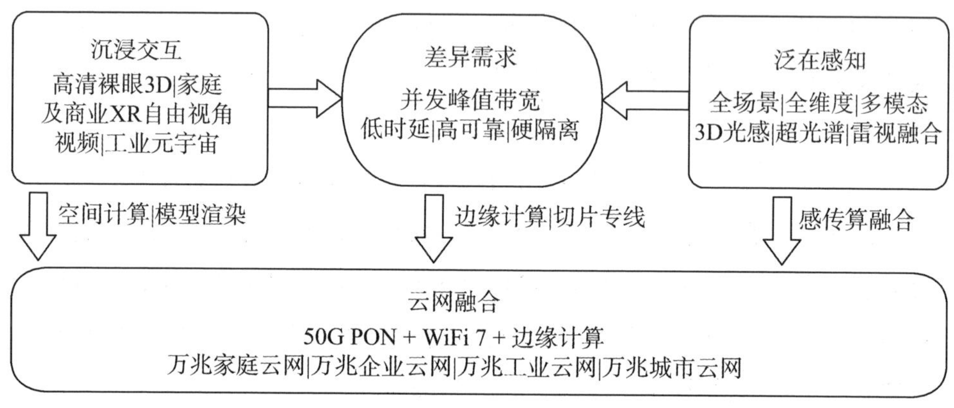

图6-15　云网融合三大驱动力与基本特征关系

进入全光万兆时代，用户将可以在家中体验到裸眼3D显示、自由视角观影及直播、极速云存储和极速云游戏等数字服务。企业通过50G PON可以实现Wi-Fi 7回传，满足如混合现实等新型终端并发使用和无障碍在线协作，随时调用云端渲染等边缘算力服务，提升使用体验。全光万兆还可以增强城市数字基础设施，发挥综合承载能力，提供高可靠的专网服务，支持城市智慧综合杆的建设。

6.4　无线接入技术

6.4.1　5G移动通信接入技术

5G指第五代移动通信技术。5G非独立组网（5G Non-Standalone，NSA）标准在2017年12月正式冻结。5G新空口（New Radio，NR）标准的完成，标志5G标准和商业进程进入加速阶段。2018年6月，独立组网（Standalone，SA）功能在美国圣地亚哥举行的3GPP全会上冻结，此标准的冻结意味着5G全面开始进入商业化和产业化阶段。为了实现更高通信速率、更低传输时延、更广泛的连接和更高可靠性，5G技术在无线传输技术和无线网络接入技术上不断创新。

1. 5G通信的关键技术

（1）毫米波技术。在移动通信中频谱是非常宝贵的资源，随着通信技术的不断发展和逐步部署，其中6 GHz以下的中低频频谱资源已经非常稀缺，而高频频段则有着较为丰富的空闲频谱资源。因此，为满足不断增长的用户数据速率需求和不断发展的移动通信业务，一方面努力探索更高效的中低频谱利用效率，另一方面尝试开拓更高频段的频谱资源，是许多通信人研究5G一直坚持的方向。

毫米波属于极高频段，其频率范围为30 ~ 300 GHz，相应波长在1 ~ 10 mm之间，它的波束很窄，是在空间以直射波的方式进行传播，本身具有良好的方向性。

高频段毫米波在移动通信中的主要优点有：较高的天线增益、可用带宽足够量、小型化的天线和设备、绕射能力强，适合部署大规模天线阵列。高频段毫米波移动通信也存在一些缺点，比如穿透能力差、传输距离短、易受天气气候和环境影响等，目前各大研究机构正在积极开展高频段需求研究以及候选频段的遴选工作。

（2）大规模天线阵列技术Massive MIMO。Massive MIMO技术指在发射端和接收端分别使用多个发射天线和接收天线，使信号通过发射端与接收端的多个天线传送和接收，从而改善通信质量。它能充分利用空间资源，通过多个天线实现多发多收，在不增加频谱资源和天线发射功率的情况下，可以成倍地提高系统信道容量。

Massive MIMO优点具有以下特点：

① 应用Massive MIMO技术后，网络容量会进一步提高。主要原理是借助波束赋形的定向功能有效提升频谱效率，进而提升网络容量。

② 应用Massive MIMO技术能够进一步降低单位硬件的成本。波束赋形信号本身具备叠加增益的效果和功能，因此天线发射信号时只需小功率即可，在此基础上减少大功率放大器的利用，有效降低硬件的成本。

③ 应用Massive MIMO技术能够实现低延时通信。在大数定律的帮助下，可以对平坦衰落信道进行有效控制，实现低延时通信。传统情况下，为了降低信道的深度衰落，工作人员需要合理利用信道编码以及交织器，并在编码与交织器的帮助下将突发错误发散至不同时间段，导致接收机需要接收不同时间段的数据，才能获取完整信息，造成时延。而Massive MIMO则可以忽略信道的深度衰落，提升信道的可靠性，从而简化衰落过程，降低时延。

④ Massive MIMO可以与毫米波技术形成互补。毫米波带宽较为丰富，但是其衰减十分强烈。而波束赋形能够有效解决衰减问题，与毫米波技术形成互补关系，二者共同发挥出1+1>2的效果。

（3）新型调制编码技术（Low Density Parity Check Code，LDPC）。该技术是移动通信的核心技术，随着未来的数据传输需求不断增加，现在的4G LTE网络编码不能够得以满足，迫切需要设计更高效的信道编码来提高数据传输速率，并利用更大的编码信息块契合移动宽带流量配置，同时，现有信道编码技术的性能极限还有待继续提高。LDPC在传输效率方面远远超于LTE Turbo，易平行化的解码设计能以低时延和低复杂度，扩展达到更高的传输速率。5G所采用的新型调制编码技术主要包括256QAM高阶调制、LDPC和Polar编解码技术。

256QAM高阶调制是正交振幅调制，也就是数字信号分别对两个正交的载波（sin、cos）进行ASK的调制，对应于“正交”的振幅，可以用平面的星座图来表示，也就是星座图上的每一个点都对应着两路正交载波振幅取值的组合。所谓256QAM，就是用16进制的数字信号进行了正交调幅，星座图上为16 × 16=256个点。

LDPC码即低密度奇偶校验码，最早由美国麻省理工学院Robert G. Gallager博士于1963年提出，是一类具有稀疏矩阵的线性分组码，其翻译复杂程度较低结构比较灵活。LDPC曾经在3GPP的第一次尝试出现在2006年的LTE R8讨论中，当时由于非技术因素却惜败于风头正劲的Turbo码。不过经过10年的沉淀，2016年得到充分验证的LDPC又来到了移动通信标准的赛场上，成为5G技术的备选方案。

Polar码是一种全新的线性信道编码方法，该码字是迄今发现的唯一一类能够达到香农极限的编码方法，且有较低的编译码复杂度。2016年11月19日，国际移动通信标准化组织3GPP，确定将Polar码作为5G增强移动宽带场景的控制信道即短码块编码方案。

（4）网络切片技术。网络切片就是将一个物理网络切割成多个虚拟的端到端网络。在每个虚拟网络之间，包括核心网、网络内的设备、接入和传输，它们在逻辑独立，任一虚拟网络发生故障都不会影响到其他虚拟网络正常进行。

5G网络切片技术能够为不同的应用场景提供隔离的网络环境，使不同的应用场景可根据自身要求定制特性功能。5G网络切片技术目标是结合网络运营、接入网资源、核心网资源、终端设备以及维护管理系统，为不同的业务场景和业务类型提供隔离，独立和集成的网络。

（5）UDN。为满足2020年后超高流量通信的需求，UDN成为5G的一种关键技术。通过在UDN中大量装配无线设备，实现极高的频率复用，可以令热点地区（办公室、地铁等）系统容量获得几百倍的提升。

在实际的部署中，超密集组网存在着几大问题：干扰、站址的获取和成本。基站建立越多，成本增加。另外随着网络的小区人口密度的不断增加，小区间干扰问题显得更加严重，特别是控制信道的干扰直接影响了整个系统的可靠性；另一方面，由于密度增加，使得用户在频繁选择小区和小区切换的移动性管理变得异常严峻。

虚拟层技术的提出就是为解决以上技术难点。所谓虚拟层技术，基本原理就是由单层实体网络构建虚拟多层网络。该技术可以通过单载波和多载波实现，单载波是通过不同的信号或信道构建虚拟多层网络，多载波则是通过不同的载波构建虚拟多层网络。

（6）D2D。设备到设备直接通信D2D技术是一种通信方式，是指两个对等的用户节点之间直接进行通信。随着无线多媒体业务的不断增多，更丰富的业务提供方式可以满足海量用户在不同环境的业务体验和需求。

在由D2D通信用户组成的分散式网络中，每个用户节点都既能发送也能接收信号，并具有自动路由（转发消息）的功能。网络的参与者共用它们所拥有的一部分硬件资源，包括网络连接能力，信息处理、存储等。这些共用资源向网络提供资源和服务，在不需要经过中间实体的情况下能被其他用户直接访问。

在D2D模式的通信网络中，用户节点同时扮演客户端和服务器两种角色，用户之间能够意识到彼此的存在，能够自组织地构成一个虚拟或实际的群体。在D2D通信模式下，两终端之间直接进行数据传输，能够有效避免蜂窝通信中因用户数据经过网络中转传输而产生的链路增益；另一方面，D2D与蜂窝之间以及D2D用户之间的资源可以复用，由此能够产生资源复用增益；通过资源复用增益和链路增益则可提高无线频谱资源的利用效率，从而提高网络吞吐量。

当然，D2D通信技术只能作为蜂窝网络的辅助通信手段，使无线通信的应用场景得到进一步的扩展，而不是独立组网通信。

2. 5G的应用场景

2015年9月，国际电信联盟定义了5G的三大类应用场景：增强移动宽带（Enhanced Mobile Broadband，eMBB）、海量机器类通信（Massive Machine Type Communications，mMTC）、超高可靠低时延通信（Ultra-Reliable and Low-Latency Communications，uRLLC）。

（1）eMBB。以人为中心的应用场景，集中表现为超高的传输数据速率，广覆盖下的移动性保证等，未来更多的应用对移动网速的需求都将得到满足，从eMBB层面上来说，它是原来移动网络的升级，让人们体验到极致的网速。因此，增强移动宽带（eMBB）将是5G发展初期面向个人消费市场的核心应用场景。

（2）uRLLC。连接时延要达到1 ms级别，而且要支持高速移动（500 KM/H）情况下的高可靠性（99.999%）连接，这一场景更多面向车联网、工业控制、远程医疗等特殊应用，这类应用在未来潜在的价值极高，未来社会走向智能化，就得依靠这个场景的网络，这些应用的安全性、可靠性要求极高。

（3）高可靠通信mMTC。5G强大的连接能力可以快速促进各垂直行业

（智慧城市、智能家居、环境监测等）的深度融合。万物互联下，人们的生活方式也将发生颠覆性的变化。这一场景下，数据速率较低且时延不敏感，连接覆盖生活的方方面面，终端成本更低，电池寿命更长且可靠性更高，真正能实现万物互联。

6.4.2　无线局域网接入技术

无线局域网（Wireless Local Area Network，WLAN）是指应用无线通信技术将计算机设备互联起来，构成可以互相通信和实现资源共享的网络体系。无线局域网本质的特点是不再使用通信电缆将计算机与网络进行互联，而是通过无线的方式连接，使网络的构建和终端的移动更加灵活，与有线局域网形成互补，能够使用户真正实现随时、随地、随意的宽带网络接入。在许多应用领域发挥着其他联网技术不可替代的作用。

1. 无线局域网的关键技术

（1）无线传输技术。目前无线局域网主要采用红外线和无线电波两种传输媒介，对应的无线传输技术主要有3种：红外线、直接序列扩频（Direct Sequence Spread Spectrum，DSSS）和跳频扩频（Frequency Hopping Spread Spectrum，FHSS）。

① 红外线。局域网使用波长小于1 μm的红外线，具有很强的方向性，支持1～2 MBit/s数据速率，但是红外线受阳光干扰大，仅适用于近距离的无线传输；相比于红外线，无线电波的覆盖范围更广，是常用的无线传输媒体。

② DSSS技术。在整个频段上将传输信号与一个窄时隙、宽频带的扩频序列相乘，达到信号带宽扩展，在接收端进行无损恢复。

③ FHSS技术。把可用的频带切割成非常小的跳频信道，一次信息传输时，发送端和接收端按照一定的伪随机码不断地从一个信道跳到另一个信道，由于伪随机码的碰撞概率很小，只有接收端才能正确地对信号进行接收，避免了有针对性的干扰。跳频的瞬时带宽很窄，通过扩频技术使窄带宽的频谱得以扩展，同时降低背景噪声和其他信号的干扰，提高数据的安全性，使传输更加稳定。

DSSS与FHSS扩频机制不同，FHSS在抗远近效应上优于DSSS，DSSS在抗衰落方面优于FHSS。也可以将两者结合起来，采用混合方式，达到降低成本、提高性能的目标。实际应用中应根据具体需求，选择最优的扩频方式。

（2）MIMO-OFDM技术

大规模多路输入多路输出技术（Multiple-Input Multiple-Output，MIMO）最早由Marconi提出，允许多个天线同时发送和接收多个信号，并能够区分发往或来自不同空间方位的信号。通过空分复用和空间分集等技术，在不增加占用带宽的情况下，提高系统容量、覆盖范围和信噪比。

正交频分复用技术（Orthogonal Frequency Division Multiplexing，OFDM）则是将信道分成若干正交子信道，将高速数据信号转换成并行的低速子数据流，调制在每个子信道上进行传输。接收端可以分开正交信号，这样减少子信道之间的相互干扰。每个子信道上的信号带宽小于信道的相关带宽，因此每个子信道上可以看成平坦性衰落，从而可以消除码间串扰，由于每个子信道的带宽仅仅是原信道带宽的一小部分，信道均衡变得相对容易。

在高速宽带无线通信系统中，多径效应、频率选择性衰落和带宽效率是信号传输过程中必须考虑的几个关键问题。多径效应会引起信号的衰落而被视为有害因素。MIMO系统是针对多径无线信道而产生的，在一定程度上可以利用传播过程中产生的多径分量，多径效应不但对其影响不大，相反还可以作为一个有利因素加以使用。MIMO对于频率选择性衰落无法避免，而解决频率选择性衰落恰恰是OFDM的优势。

MIMO-OFDM技术兼顾了两者的优点，在时间、频率和空间3个维度上获取分集和复用增益，有效地降低噪声、干扰、多径对系统容量的影响。当信道条件不好时，使用分集方式增加信号的接收功率，降低误码率；当信道条件好时，使用空间复用的编码方式，成倍地提高传输速率。MIMO-OFDM系统模型发射端原理如图6-16所示，接收端的原理如图6-17所示。

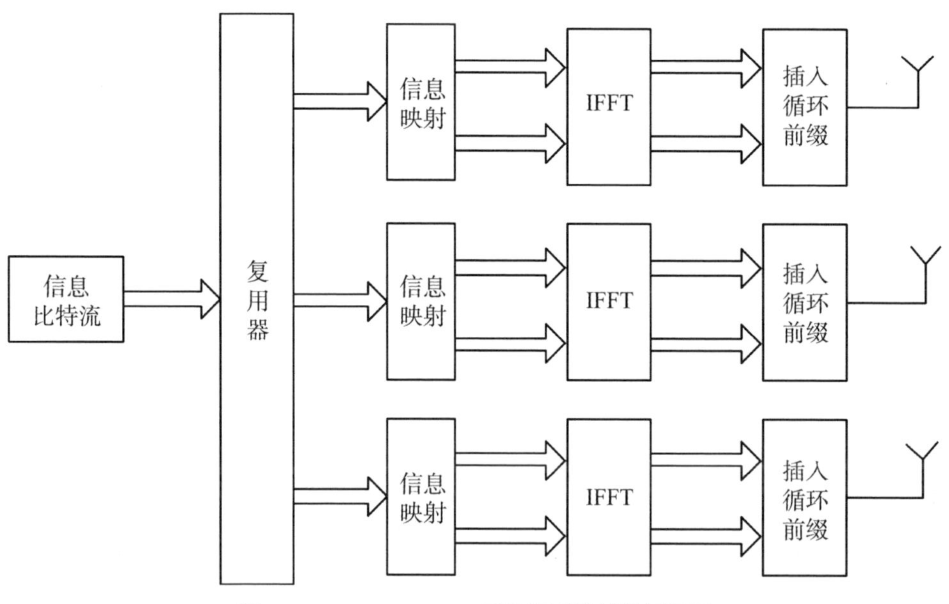

图6-16　OFDM-MIMO系统模型发射端原理图

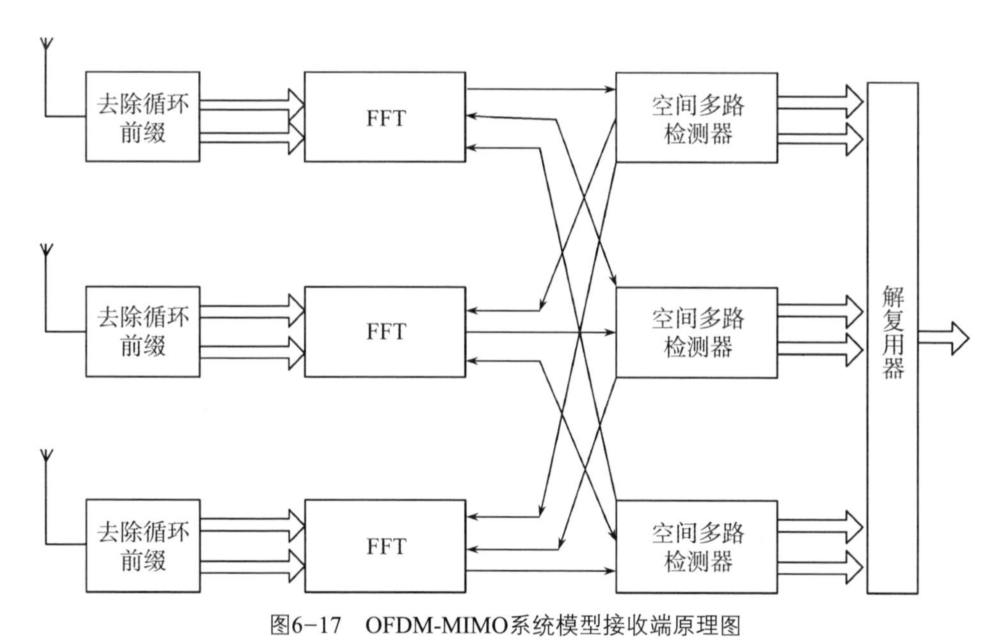

图6-17　OFDM-MIMO系统模型接收端原理图

由于MIMO技术和OFDM技术的结合能够弥补各自的缺点，有效提高系统的整体性能，所以OFDM-MIMO技术成为下一代无线局域网的研究热点。OFDM-MIMO技术势必使无线局域网向着更大容量、更高速率、更好性能的方向发展。

（3）自适应波束赋形。虽然IEEE 802.11ad能够达到更高的传输速率，但由于其工作频段更高（60 GHz），相比于2.4 GHz或5 GHz频段其衰减更加严重，传输距离达到10 m以上时传输速率会大幅下降。为了解决这个问题，IEEE 802.11ad采用了自适应波束赋形技术，它通过减小波束宽度来获得较高的天线增益，进行天线方向的自适应调整，从而扩大信号覆盖范围。如果在收发两端的视距传播路径上存在障碍物，自适应波束赋形也能避开障碍物快速重建一条新的链路进行通信。波束赋形可以通过相位加权天线阵列、波束切换、多天线阵列等不同的技术来实现。

自适应波束赋形通过对阵列天线的各个阵元加权实现空域滤波，并能够依据变化的环境实时调整阵元的加权因子，在不同方向上形成不同的天线增益，实现对期望信号的有效接收，形成最佳方向图。

（4）多频段互操作快速会话迁移技术。为了实现IEEE 802.11ad与其他IEEE标准的互通，IEEE 802.11ad采用快速会话迁移（FST）技术，支持Wi-Fi通信在3个频段之间的无缝切换。拥有多频设备的用户在不同制式的Wi-Fi网络间进行切换时可以进行无中断的通信，在IEEE 802.11ad信号覆盖的区域可以进行高速的数据传输，而当进入IEEE 802.11ad不能覆盖的区域时，可以无缝迁移到2.4 GHz或5 GHz Wi-Fi上。

2. 无线局域网的应用

以家庭WLAN实际应用为例，需要一个无线接入设备路由器、一个具备无线功能的计算机或终端，没有无线功能的计算机只需外插一个无线网卡。有了以上设备后，具体操作如下：使用路由器将热点或有线网络接入家庭，按照网络服务商提供的说明书进行路由配置，配置好后在家中覆盖范围内放置接收终端，打开终端的无线功能，输入服务商给定的用户名和密码即可接入WLAN。

WLAN的典型应用场景有：办公楼、餐饮及零售、医疗、企业、仓储管理、货柜集散场、监视系统、展示会场等众多方面。

6.4.3　无线传感器网络接入技术

无线传感器网络（Wireless Sensor Network，WSN）是一种分布式传感网络，它的末梢是可以感知和检查外部世界的传感器。WSN中的传感器通过无线方式通信，因此网络设置灵活，设备位置可以随时更改，还可以跟互联网进行有线或无线方式的连接。

无线传感器网络通过无线通信技术把数以万计的传感器节点以自由式形式结合起来，构成传感器节点的单元分别为数据采集单元、数据传输单元、数据处理单元以及能量供应单元。

1. 无线传感器网络的关键技术

与传统的有线和蜂窝网络相比，无线传感器网络没有基础设施，每个节点都可能随时进入或离开网络，整个网络分布式运行，有很多关键技术需要深入研究。

目前，国内外有许多无线传感器网络平面路由算法，主要包括Flooding、Gossiping、通过协商的信息传感器协议（Sensor Protocol for Information via Negotiation，SPIN）、定向扩散（Directed Diffusion，DD）、Rumor、贪婪法周边无状态路由（Greedy Perimeter Stateless Routing，GPSR）、有序分配路由（Sequential Assignment Routing，SAR）等。

（1）Flooding和Gossiping。Flooding和gossiping这两种算法是传统网络中最基本的路由方式，不需要知道网络拓扑结构和使用任何路由算法。每个传感器节点把自己接收到的packet发送给所有它的邻居节点，这个过程一直重复直到该分组到达sink节点或者该分组的生命到期。Gossiping算法改进了Flooding过程，每个传感器节点只把自己接收到的packet随机发送给它的某个邻居节点，其他不变。

这种方式不需要维护路由信息，所以实现简单，但很容易带来内爆和交叠问题。

（2）SPIN。SPIN算法是第一个基于数据的算法。以抽象的元数据对数据进行命名，命名方式没有统一标准。为避免盲目传播，节点产生或收到数据后，用包含元数据的ADV消息向邻节点通告，如果邻节点需要数据，则用REQ消息提出请求，数据通过DATA消息发送到请求节点。

该算法的优点是：通过数据命名解决了交叠问题。ADV消息比较小，可以减轻内爆问题，节点可以根据自身资源和应用信息决定是否进行ADV通告，避免了资源利用盲目问题。

（3）DD。DD是一种以数据为中心的信息传播协议，与已有的路由算法有着截然不同的实现机制。运行DD的传感器节点使用基于属性的命名机制来描述数据，并通过向所有节点发送对某个命名数据的interest来完成数据收集。在传播interest的过程中，指定范围内的节点利用缓存机制动态维护、接收数据的属性及指向信息源的梯度矢量等信息，同时激活传感器采集与该interest相匹配的信息。节点对采集的信息进行简单的预处理后，利用本地化规则和加强算法建立一条到达目的节点的最佳路径。

DD采用邻节点间通信的方式避免维护全局拓扑，采用查询驱动数据传送模式和局部数据聚集减少网络数据流，是一种高能源有效性的协议。缺点包括：在需要连续数据传送的应用中不能很好地应用，数据命名只能针对特定的应用预先进行，初始查询的扩散开销大。

（4）Rumor。Rumor算法借鉴了欧氏平面图上任意两条曲线交叉概率很大的思想，传感器节点监测到事件后暂时将其保存，并创建称为Agent的生命周期较长的数据分组，数据分组中携带事件和源节点信息，之后按一条或多条随机路径在网络中转发。收到的节点再随机发送到相邻节点，再次发送前在Agent中增加其已知的事件信息，在转发Agent前需要根据事件和源节点信息建立反向路径。此外，汇集节点的查询请求也沿着一条随机路径转发，当两路径交叉时，则路由建立。如果两条路径不发生交叉，汇集节点可再通过Flooding查询请求。

Rumor算法比较适合汇集节点较多、网络事件很少并且查询请求数目很大的情况。但如果事件非常多，维护事件表和收发Agent带来的开销会很大。

（5）GPSR。GPSR是一个典型的基于位置路由算法。在使用该算法的网络中，每个节点都被统一编址，并且知道自身地理位置，各节点利用贪心算法尽量沿直线转发数据。在数据转发过程中，产生或收到数据的节点首先计算相邻节点到目的节点的欧氏距离，之后向最靠近目的节点的相邻节点转发数据，这种机制会出现空洞问题，即数据没有到达比该节点更接近目的节点的区域将导致数据无法继续向前传输。当出现这种情况时，空洞周围的节点能够探测到，并构造平面图沿空洞周围利用右手法则来解决此问题。

该算法只依赖直接邻节点进行路由选择，避免了在节点中建立、存储、维护路由表，能够保证只要网络连通性不被破坏，就一定能够发现可达路由。该算法的缺点是，当网络中源节点和汇集节点分别集中在两个区域时，会出现通信量不平衡的现象，容易导致部分节点失效，从而破坏网络连通性，此外，由于每个节点需要已知自己的位置信息，所以需要GPS或其他定位方法协助计算节点位置信息。

（6）SAR。SAR算法是第一个保证QoS的主动路由算法。汇集节点的所有邻节点都以自己为根创建生成树，在创建生成树过程中，考虑节点的最大数据传输能力以及时延、分组丢失率等QoS参数，各个节点通过生成树反向建立到汇集节点的、具有不同QoS参数的多条路径。节点发送数据时可以选择一条或多条路径进行传输。该算法能够提供QoS保证，缺点是节点中含有大量冗余的路由信息，节点QoS参数、路由信息的维护以及能耗信息的更新等都需要较大的能量开销。

由于无线传感器网络部署的冗余性，整个网络采样的数据含有大量冗余信息，如果不经过处理直接通过无线方式将全部信息进行传输，势必会消耗节点的大量能量，而且用户获取大量的数据后还需要进行二次处理。为了降低网络传输过程中的数据量和能耗，去除掉网络中的冗余数据，可以通过网络内部相关节点的数据融合算法来解决，从而达到节约整个网络能耗，延长网络生命期的目的。在网络运行过程中，单个节点观测的不确定性，会导致采样数据的精确度高低不等或者采集数据的异常，利用无线传感器网络的拓扑结构，在网络内部采用一定的数据融合算法对这些数据进行处理，提高网络的健壮性和准确度。

2. 无线传感器网络的应用

作为新一代有效获取信息的无线网络，无线传感器网络得到了广泛的应用，并以其低成本、低功耗、自组织和分布式的特点带来了信息感知的变革。随着微处理器体积越来越小以及传感器节点生产成本的下降，传感器网络在很多领域得以应用。

（1）军事领域。和许多其他技术一样，无线传感器网络最早是面向军事应用的。在军事领域中，无线传感器网络能够实现实时监视战场状况、监测敌军区域内的兵力和装备、定位目标物、监测核攻击及生物化学攻击等。美国军方研究的NSOF（Networked Sensors for the Objective Force）系统是美国军方未来战斗系统的一部分，主要用于军事侦察，能够收集侦察区域的情报信息，并将此信息及时地传送给互联网。该系统含有大约100个静态传感器节点以及用于接入互联网的指挥控制（Command and Control，C2）节点。

（2）智能农业和环境监测。无线传感器网络在农业中的应用主要体现在及时获取农民种庄稼时所需的各种信息。首先将大量的传感器节点散布到要监测的区域并构成监控网络，通过各种传感器采集信息，以帮助农民及时发现问题，并且准确定位。这样，农业将有可能逐渐地从以人力为中心、依赖于孤立机械的生产模式转向以信息和软件为中心的生产模式，从而大量使用各种自动化、智能化、远程控制的生产设备。

无线传感器网络还能为环境监测提供便利。随着人们对于环境的日益关注，通过传统的方法采集环境数据是一件困难的工作。如果将传感器节点散布到森林中，及时获取森林中的温度信息，在有可能达到着火点时及时做好预防工作，从而有效地预防森林火灾的发生。无线传感器网络在环境监测方面的应用可以包括动物运动跟踪、环境条件检测、水源质量检测、气象和地理研究等。

（3）文物保护。文物是人类祖先遗留下来的宝贵精神和物质财富，是人类文明的重要见证，但是文物分布情况十分复杂，文物保护任务艰巨。当前，文物的损坏或丢失十分严重，如何科学而有效地保护文物面临着巨大挑战。无线传感器网络的工作机制十分适用于古建筑结构健康监测、文物储藏室环境监测和防盗。将传感器节点合理部署在展室或储藏室内，可以对文物存放环境的温度、湿度、光照和振动等数据进行实时监测，当环境不符合存放要求时及时向监控中心报警，通知相关人员进行处理。因此，将无线传感器网络用于文物保护，既能提高文物的保护水平，又能节省人力资源，降低劳动强度。

（4）医疗健康。无线传感器网络在医疗卫生和健康护理等方面具有广阔的应用前景，包括对人体生理数据的无线检测、对医院医护人员和患者进行追踪和监控、医院的药品管理、贵重医疗设备放置场所的监测等，被看护对象也可以通过随身装置向医护人员发出求救信号。

无线传感器网络可应用于对住院患者的管理中。首先在病房部署传感器节点以实现对整个病房的覆盖，患者可根据病情携带具有检测能力的无线传感器节点。通过传感器网络对患者必要的生理指标进行实时监测，同时还可以允许患者在一定范围内自由活动，这不仅有益于患者身体机能的恢复，还有助于让患者保持良好的情绪，从而使病情尽快得到康复。即使不躺在病床或在病房外活动时，医生仍然可以对其进行定位、跟踪，并及时获取其生理指标参数。无线传感器网络还为未来的远程医疗提供了更加方便、快捷的技术手段。

（5）空间探索。探索外部星球一直是人类梦寐以求的理想，人类已经做了很多的尝试。无线传感器网络独有的特点可以很方便地实现星球表面大范围、长时期、近距离的监测和探索，是探索外部星球一种经济可行的方案。随着人类对空间探索的不断深入，要获取的数据越来越多，成本较低的传感器节点将在其中发挥更加重要的作用。

美国航天飞船“哥伦比亚”号悲剧的发生就证实了传感系统的重要作用。最早发出的运载火箭故障报警信号说明是左翼附近的温度/压力信号出现异常而导致的。因此，性能更佳、寿命更长的传感器与电子部件在一定程度上可为避免这样的悲剧提供必要的帮助。

（6）建筑领域。将无线传感器网络用于建筑物的检测，不仅成本低廉，而且能解决传统有线网络布线复杂、易受损坏、线路老化等问题。斯坦福大学采用基于分簇结构的两层网络系统，提出了基于无线传感器网络的建筑物监测系统。传感器节点由EVK915模块和ADXL210加速度传感器构成，簇首节点由Proxim Rangel LAN2无线调制器和EVK915连接而成。

（7）智能交通及其他。

上海市重点科技研发计划中的智能交通监测系统，将节点部署于十字路口周围，部署于车辆上的节点还包括GPS全球定位设备，系统采用温度、湿度、声音、图像、视频等传感器。该系统重点强调了系统的安全性问题，包括网络规模、网络动态安全、数据传输模式、数据管理融合、耗能等。

1995年，美国交通部提出了“国家智能交通系统项目规划”，预计到2025年全面投入使用。该计划利用大规模无线传感器网络，配合GPS等资源，能够使所有车辆都自动保持车距，并且保持高效、低耗的最佳运行状态，此外，还可以推荐最佳行驶路线，对潜在的故障发出警告。

除了上述提到的应用领域外，无线传感器网络还可以应用于智能家居、工业生产、仓库物流管理、海洋探索等领域。

练习题

1. 简述以太网技术常用协议标准。
2. 简述HFC接入技术工作原理。
3. 简述EPON上行数据、下行数据发送原理
4. 简述GPON、EPON技术优缺点。
5. 列举你所知的无线接入技术及常见应用场合。
6. 列举并简单阐述5G移动通信新技术。

第7章

下一代互联网安全技术

当前，IPv6已成为下一代互联网的起点和平台，是网络强国和数字中国建设的关键基础支撑，对IPv6的认识要从海量地址空间提升到发挥安全能力。与IPv4相比，IPv6在网络保密性、完整性等方面有了更好的改进，在可控性、抗否认性方面有了新的保证。尽管IPv6协议采取了诸如支持验证和隐私权之类的安全措施，但是也不可能彻底解决所有网络安全问题，同时还会伴有新的安全问题的产生，它的应用也给网络体系带来了新的要求和挑战。本章在分析下一代互联网存在的安全隐患和网络安全现状的基础上，提出了下一代互联网安全技术，包括量子密码与后量子密码技术、国产密码算法、IPSec、防火墙技术、网络安全态势感知等。

能力目标

能够说出下一代互联网存在的安全隐患。

了解下一代互联网安全技术的发展现状。

能够说出量子加密在工作和生活中应用。

知晓我国使用的加密算法。

掌握IPSec技术的体系结构和工作模式。

能够从用户角度分析防火墙应该具有的功能。

掌握网络安全态势感知技术的基本原理。

了解网络安全应用的发展趋势。

知识结构

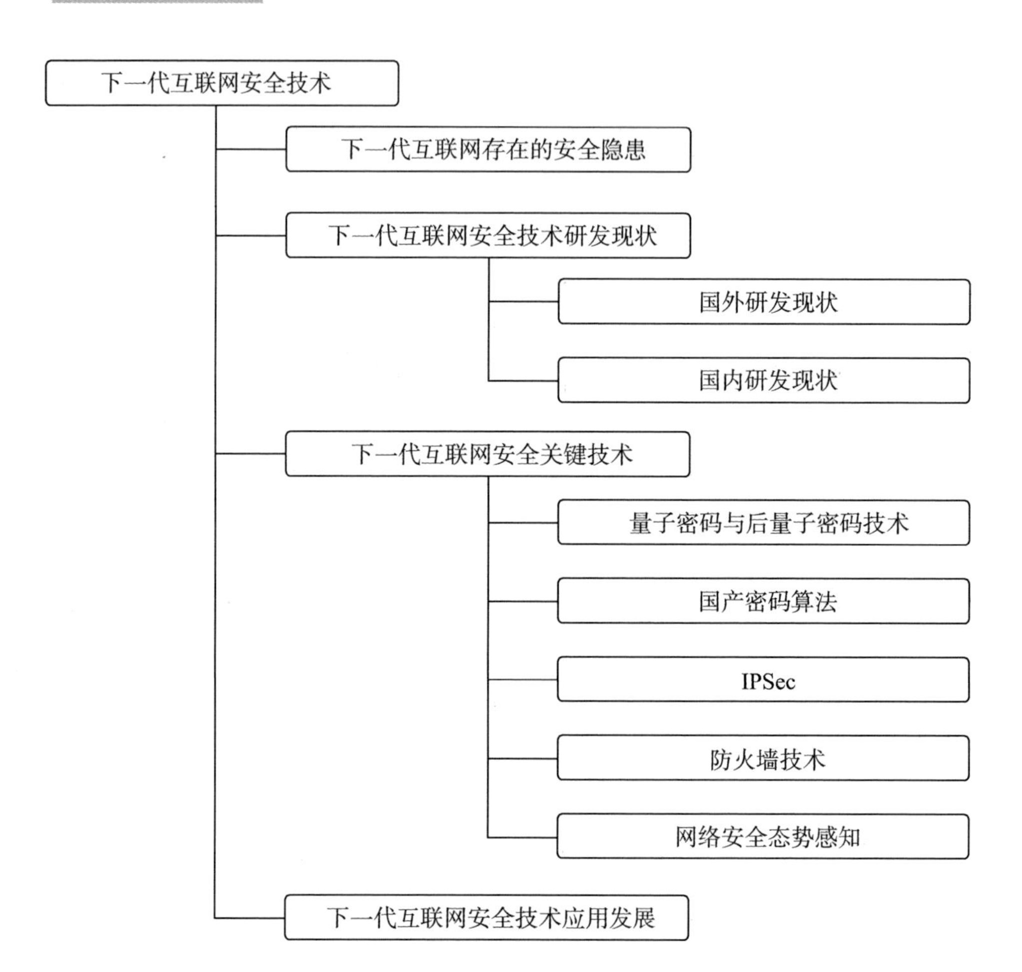
下一代互联网安全技术
下一代互联网存在的安全隐患
下一代互联网安全技术研发现状
国外研发现状
国内研发现状
下一代互联网安全关键技术
量子密码与后量子密码技术
国产密码算法
IPSec
防火墙技术
网络安全态势感知
下一代互联网安全技术应用发展

7.1　下一代互联网存在的安全隐患

近年来，云计算、大数据、物联网、人工智能等新一代网络信息技术飞速发展，各类服务与应用变得更为智能、高效和便捷，而随之而来的安全风险也更加突出。与第一代互联网相比，下一代互联网即IPv6网络存在的新的安全隐患主要有以下几个方面：

1. IPv4向IPv6过渡技术的隐患

IPv4到IPv6过渡技术包括双栈技术、网络地址/协议转换技术和隧道技术。双协议栈会带来新的安全问题，对于同时支持IPv4和IPv6的主机，黑客可以同时用两种协议进行协调攻击，发现两种协议中存在的安全弱点和漏洞，或者利用两种协议版本中安全设备协调不足来逃避检测。双协议栈中一种协议的漏洞会影响另一种协议的正常工作。由于隧道机制对任何来源的数据包只进行简单的封装和解封，而不对IPv4和IPv6地址的关系做严格的检查，所以隧道机制会给网络安全带来更复杂的问题和隐患。

2. IPv6中组播技术缺陷的隐患

组播报文是通过用户数据报协议进行传输的，它缺乏TCP所提供的可靠传输的功能。组播的开放性使通信数据缺乏机密性和完整性的安全保护，而IPv6组播所需的MLD（Multicast Listener Discover）等组播维护协议不能满足安全的需要。IP组播使用UDP，任何主机都可以向某个组播地址发送UDP包，并且这些UDP包会被发送到所有组成员。由于在IPv6组播通信中，任何成员都可以利用MLD报文请求临近的路由加入组播群组，组播加入成员的约束机制很匮乏，无法保证通信的机密性，因此，对机密数据的窃听将非常容易。

3. IPv6中PKI管理系统的隐患

IPv6网络管理中PKI（Public Key Infrastructure，公钥基础设施）管理是一个悬而未决的问题，首先需要考虑PKI系统本身的安全性。它在应用上存在一些需要解决的主要问题：数字设备证书与密钥管理问题；IPv6网络的用户数量庞大，设备规模巨大，证书注册、更新、存储、查询等操作频繁，要求PKI能够满足高访问量的快速响应并提供及时的状态查询服务；IPv6中认证实体规模巨大，单纯依靠管理员手工管理将不能适应现实需求，同时为了保障企业中其他服务器的安全，要制定严格而合理的访问控制策略，来掌控各类用户对PKI系统和其他服务器的访问。

4. 移动IPv6的隐患

移动IPv6协议提供一种支持主机移动的网络层解决方案，使移动节点可以在不同的网络中自由移动且始终保持现有的连接。可移动性虽然方便通信，但同时也带来了安全隐患。如果攻击者在移动主机的通信线路上截获或篡改相关的信令报文，便可以引发攻击。并且移动节点需要不断更改通信地址，因此，其协议架构的复杂性，使得移动IPv6的安全性问题凸显。

5. IPv6的安全机制对网络安全体系的挑战

（1）由网络层传输中采用的加密方式带来的隐患分析。

① 针对密钥的攻击，在IPv6下，IPSec的两种工作模式都要交换密钥，一旦攻击者破解到正确的密钥，就可以得到安全通信的访问权，监听发送者或接收者的传输数据，甚至解密或篡改数据。

② 加密耗时过长引发的DoS（Denial of Service，拒绝服务）攻击，加密需要很大的计算量，如果黑客向目标主机发送大规模看似合法，实际却是任意填充的加密数据包，目标主机将耗费大量CPU时间来检测数据包而无法回应其他用户的通信请求，造成DoS攻击。

（2）对传统防火墙的冲击。现行的防火墙有三种基本类型，即包过滤型、代理服务器型和复合型。其中代理服务器型防火墙工作在应用层，受IPv6的影响较小，另外两种防火墙都会受到巨大冲击。

（3）对传统的入侵检测系统的影响。入侵检测是防火墙后的第二道安全保障，可以直接从网络数据流中捕获其所需要的审计数据，从中检索可疑行为。但是，IPv6数据已经经过加密，如果黑客利用加密后的数据包实施攻击，就很难检测到任何入侵行为。

6. IPv6编址机制的隐患

IPv6中流量窃听将成为攻击者安全分析的主要途径，面对庞大的地址空间，漏洞扫描、恶意主机检测等安全机制的部署难度激增。IPv6引入了IPv4兼容地址、本地链路地址、全局聚合单播地址和随机生成地址等全新的编址机制。其中，本地链路地址可自动根据网络接口标识符生成而无需DHCP自动配置协议等外部机制干预，实现不可路由的本地链路级端对端通信，因此移动的恶意主机可以随时连入本地链路，非法访问甚至是攻击相邻的主机和网关。

总之，IPv6网络还存在众多安全隐患，需要在应用中不断改进、逐步提高，才能使用户拥有一个高效、安全的下一代互联网。

7.2 下一代互联网安全技术研发现状

随着下一代互联网与技术的发展，个人信息安全、企业信息安全乃至国家数据信息安全已成为各国政府最为密切关注的领域。科技领域新技术、新业态的不断涌现，使网络安全发展也进入到新一轮高速增长阶段。近期，某半导体工程师在使用ChatGPT修复源代码的过程中，无意间将绝密芯片数据泄露到OpenAI服务器上，这类事件绝对不会是孤例。事实上，随着技术的不断迭代和发展，各个国家都面临着巨大的数据泄露和网络信息安全风险，这也催生了数据安全、云安全以及AI网络安全等领域的应用。

7.2.1 国外研发现状

环顾全球，各国都在加大下一代互联网安全技术研发力度。欧盟发布《网络团结法案》提案，要求投资超80亿欧元建立欧盟安全运营中心“网络护盾”，以应对大规模网络攻击。美国也频繁出台网络安全、网络供应链等方面政策文件，以确保本土关键设施网络安全，预防网络安全事件风险，确保在网络安全领域保持主导权。

2023年，在拉斯维加斯举行的BlackHat黑客大会上，拜登政府宣布启动为期两年的“人工智能网络安全挑战赛”（AIxCC），探索如何基于AI开发颠覆性的下一代网络安全解决方案，用来保护美国最重要的软件，包括运行互联网和关键基础设施的计算机代码。“人工智能网络安全挑战赛”由国防高级研究计划局（DARPA）牵头，Anthropic、谷歌、微软和OpenAI合作。两家公司将为参赛者提供业界最强大AI模型用于设计全新的和颠覆性的网络安全方案，并为获胜者提供近2000万美元的高额奖金。为了确保广泛的参与和公平的竞争环境，DARPA还将向想要参赛的小企业提供700万美元经费。

白宫表示，顶级参赛者将开发下一代网络安全解决方案，为美国乃至全球网络安全市场带来意义重大的变革。

AIxCC挑战将展示人工智能的潜在优势，帮助保护整个互联网和整个社会使用的（关键基础设施）软件，从美国的电网到驱动日常生活的交通系统。

7.2.2 国内研发现状

近年来，我国也颁布了一系列法律法规及政策制度明确网络安全的主体责任，并广泛开展下一代互联网安全技术研发。

2022年，国家网络安全宣传周—IPv6及下一代互联网安全论坛在合肥滨湖国际会展中心成功举办。论坛以“创新安全驱动未来”为主题，聚焦当前IPv6网络协议在网络安全领域的发展态势、战略走向、机遇挑战等热点问题进行探讨，共研下一代互联网新技术和新生态。论坛现场，多位网络安全行业的专家围绕IPv6网络安全和商用部署做了主题报告。其中，中国工程院院士吴建平做了以IPv6下一代互联网安全面临的挑战和机遇为主题的演讲报告。

2023年，清华大学与蚂蚁集团签署合作协议，双方将在“下一代互联网应用安全技术”方向展开合作，聚焦智能风控、反欺诈等核心安全场景，携手攻坚可信AI、安全大模型等关键技术，并加速技术落地应用，以解决AI时代的互联网安全科技难题，筑牢数字安全屏障。根据合作协议，双方将围绕“下一代互联网应用安全技术”长期攻坚，先期聚焦在可信AI和安全通用大模型两个核心领域。在可信AI领域，双方将联合攻克安全对抗、博弈攻防、噪声学习等核心技术，加强AI模型的可信保障机制，助力提升规模化落地中的AI模型的可解释性、鲁棒性、公平性及隐私保护能力。

双方还将开展“安全通用大模型”的技术路线和落地研究，以应对大模型技术爆发时代的安全科技生产力问题，及通用AI能力广泛应用带来的新型未知风险防控。双方将基于互联网异构数据，构建面向网络安全、数据安全、内容安全、交易安全等多领域多任务的安全通用大模型，以打造强推理能力，解决跨多风险领域的安全任务拓展；覆盖互联网行为全周期，实现端到端的安全防控运营智能化提效。

7.3　下一代互联网安全关键技术

7.3.1　量子密码与后量子密码技术

随着密码学的发展，量子密码开始走入人们的视线。量子密码具有可证明安全性和对扰动的可检测性两大主要优势，这些特点决定了量子密码具有良好的应用前景。随着量子通信以及量子计算的逐渐丰富与成熟，量子密码在下一代互联网安全领域将发挥重要作用。

1. 量子密码概述

（1）概念。量子密码是以密码学和量子力学为基础，用量子物理学方法实现密码思想和操作的一种新型密码体制。量子科技在对密码学的安全性形成威胁之际，也为抗量子计算攻击提供了一种潜在方法，即量子密码（Quantum Cryptography）。量子密码是量子力学和密码学相融合的新兴密码体制，它采用量子态作为信息载体在用户之间传送信息，其安全性由海森堡不确定性原理、未知量子态不可克隆定理及非正交量子态不可区分定理等量子力学特征保证，与攻击者所具备的计算能力无关。根据量子态的特性，窃听者对量子密码系统的任何有效窃听行为都将不可避免地给相应量子信息载体（量子态）带来扰动，从而会在窃听检测中被合法参与者察觉。

（2）发展历程。美国的科学家威斯纳（Stephen Wiesner）是最早想到把量子力学应用于密码学的学者，他在1970年就提出使用单量子态来制造出一种不能够被伪造的“电子钞票”，不过当时没有受到重视，直到1983年这个观点才被发表出来。贝内特（Charles H. Bennett）与布拉萨德（Gilles Brassard）很早就认识到威斯纳提出的建议的重要性，他们通过研究发现，单量子态虽然是不容易被保存的，但是能够被用于信息的传输。1984年，他们共同提出了首个量子密钥的分配方法，这个方法被称为BB84方案，量子密码迎来了广泛研究的新的时代。5年后，他们在实验室里完成了首次的量子传输实验，成功把一些光子在距离32厘米的两台计算机之间进行传输。1992年，贝内特通过反复的研究提出了更简单的B92方案。此后，各个国家的科研人员快速地投入相关的量子密钥研究中来，使得量子密码技术得到了快速的发展。

（3）量子密码的优势和挑战。量子密码具有更高的安全性，因为量子态的不可克隆性和不可观测性可以防止信息被窃取或篡改；量子密码可以提供更强的隐私保护，因为量子态的不可观测性可以保护用户的隐私信息不被泄露；量子密码可以更高效地实现一些传统密码学难以实现的安全功能，如量子随机数生成和量子身份认证等。

但现阶段量子密码还难以大规模应用，主要面临的挑战是量子密码的实现需要高度精密的实验设备和复杂的算法，因此成本较高；量子密码的安全性依赖于量子力学的基本原理，但这些原理在某些情况下可能不成立或不适用，需要进一步研究和验证；量子密码的标准化和合规性仍需进一步完善，以适应不同领域和场景的应用需求。

2. 后量子密码技术

为了抵抗量子计算机对现有密码算法攻击，新一代密码系统的实现有两种方法：一是利用量子力学的性质来保护数据的量子密码，另一种是后量子密码学，这是经典密码算法的一套新标准。

要发挥量子计算的优势，需要量子计算硬件支持，同时还需要结合量子算法。目前已有数百个量子算法用于不同问题的求解，其中对密码学有较大影响的量子算法主要有Shor算法、Grover算法、Simon算法。

（1）Shor算法。由Peter Shor于1994年提出，可用于求解整数分解与离散对数等问题，将求解复杂度由经典计算机的指数规模降低到多项式级别，对RSA、ECC、SM2等当前广泛使用的公钥密码算法具有严重威胁。

（2）Grover算法。由美国计算机科学家Lov K. Grover于1996年提出，用于在无序数据库中搜索特定项，使得搜索复杂度由经典计算机线性时间复杂度降低为平方根时间复杂度，将使目前所有密码算法的有效密钥长度减半。

（3）Simon算法。由Daniel R. Simon于1994年提出，可用于快速获取一个函数的周期，将复杂度由经典算法的O（$2^{n/2}$）降低到O（n）。Simon算法导致部分在经典计算模型下可证明安全的密码模型在量子时代不再安全，也对CBC-MAC、PMAC、GMAC等分组密码工作模式构成严重威胁。

后量子密码学是能够抵抗大型量子计算机攻击的经典密码学，它不使用任何量子属性，也不需要专门的硬件，它是建立在数学难题的基础上的。然而，后量子密码避免使用整数分解和离散日志问题来加密数据，这些问题对于量子计算机上运行的算法是脆弱的。所有这些后量子密码算法都不需要任何量子硬件来加密数据，它们基于新的数学问题，不容易受到已知的量子计算攻击的加密。

3. 量子密码技术的发展

量子计算对现代密码学的安全性形成了严峻挑战。随着QKD（Quantum Key Distribution）量子密钥分发协议的提出并被证明具有信息论安全性，量子密码逐渐成为可对抗量子计算攻击的下一代密码技术中的一个重要选项。在经典密码中，已经存在成熟的算法和协议体系，比如用对称或公钥加密算法来保证消息的机密性、用消息认证码来保证消息的完整性、用数字签名来保证消息的不可否认性等，这些具备多种功能的成熟算法和协议可以确保一个信息系统在复杂网络环境下的安全运行。

鉴于QKD的巨大安全性优势，借鉴其思想，通过引入量子技术来全面提升各类密码协议的安全性，并最终建成一个“信息论安全”的协议体系，也只有如此才能全面提升信息系统在未来量子计算时代的安全性。然而从较大规模的实验进展来看，目前达到实用化程度的量子密码协议主要是QKD，也就是通常所说的“量子通信”。要想实现全面提升信息系统安全性的目标，量子密码协议研究还有很长的路要走。

要想达到全面提升信息系统安全性的实用化目标，量子密码协议中还有诸多问题需要解决。在理论上，它将对密码算法和协议的发展带来全新的思想、有价值的启发以及安全性上的实质性提升；在应用中，它至少可以实现一个具有有限功能的、在某些场景下有显著优势的新体制，比如功能较少的专用网络。量子密码本质上属于抗量子计算攻击的密码学研究领域。关于该领域的后续研究，可以从下面两个方面进行。

（1）量子密码与后量子密码研究应同步开展。基于目前量子计算还无法有效解决的数学难题（比如格、多变量、Hash、编码等问题），可以设计公钥密码，这种密码被称作后量子密码（或抗量子密码）。尽管后量子密码达不到信息论安全，但其抗量子计算攻击的能力已经获得了广泛认可，并且具有兼容性好、易实现等优点。因此，量子密码和后量子密码各具优势，两者都是抵抗量子计算攻击的重要选项。

尽管量子密码目前的实用性还不完善，但其对密码学理论发展的重要意义不容忽视。量子密码协议体系的研究是一个漫长的过程，不能因为技术成本高或者过分追求实用性的短视行为而荒废。一方面，随着技术的不断发展，量子密码设备的成本必然会下降，而且技术的发展也可能会催生理论的突破。另一方面，即便后量子密码先走向应用，量子密码在未来仍可能有用武之地，毕竟后者对抗量子计算攻击的理论基础更加坚固。

（2）加强“量子科技”和“密码学”两个学科的交叉研究和相关的人才培养。在量子密码中，研究量子与经典相结合的密码新体系势在必行；在后量子密码中，研究可用于密码分析的量子计算算法对评估其“量子安全性”至关重要。这两个重要研究方向均需要对上述两个学科都熟悉的专业人才。然而由于两个学科相互独立、专业性强，其交叉研究难度大、门槛高，符合上述要求的研究人员还很匮乏，使得我国相关研究与国外相比还有不小的差距。因此，可以在政策上对相应的交叉研究和人才培养给予扶持。

7.3.2　国产密码算法

国产密码算法是国家商用密码管理办公室制定的一系列密码标准，包括SM1、SM2、SM3、SM4、SM7、SM9密码算法等，涵盖密码算法编程技术、密码算法芯片和加密卡等实现技术。SM1、SM4、SM7是对称算法，SM2、SM9是非对称算法，SM3是哈希算法。目前已经公布算法文本的包括SM2、SM3、SM4密码算法。SM系列算法如表7-1所示。

表7-1　SM系列国产密码算法

编号	算法性质	算法形式	算法主要功能
SM1	分组对称密码算法	加密芯片	单密钥加密/解密
SM2	椭圆曲线公钥密码算法	软件代码	双密钥加密/解密，数字签名
SM3	单向哈希算法	软件代码	哈希函数
SM4	分组对称密码算法	软件代码	单密钥加密/解密
SM7	分组对称密码算法	非接触IC卡	单密钥加密/解密
SM9	标识密码算法	用户身份认证	—

1. SM1对称密码算法

SM1算法是分组密码算法，分组长度、密钥长度都为128比特，算法安全保密强度及相关软硬件实现性能与AES相当，算法不公开，仅以IP核的形式存在于芯片中。采用该算法研制的系列芯片、智能IC卡、智能密码钥匙、加密卡等安全产品已广泛应用于电子政务、电子商务及国民经济的各个领域中。

2. SM2椭圆曲线公钥密码算法

SM2算法采取了更为安全的机制。随着密码技术和计算机技术的发展，目前常用的1024位RSA算法面临严重的安全威胁，我们国家密码管理部门经过研究，决定采用SM2椭圆曲线算法替换RSA算法。

3. SM3国产哈希算法

在商用密码体系中，SM3主要用于数字签名及验证、消息认证码生成及验证、随机数生成等，其算法公开。

4. SM4分组对称密码算法

SM4是一个分组对称密码算法，用于无线局域网产品。该算法的分组长度为128比特，密钥长度为128比特。加密算法与密钥扩展算法都采用32轮非线性迭代结构。

5. SM7分组对称密码算法

SM7算法是一种分组密码算法，分组长度、密钥长度均为128比特。SM7的算法文本目前没有公开发布。SM7算法适用于非接触IC卡应用包括身份识别类应用（门禁卡、工作证、参赛证）和票务类应用（大型赛事门票、展会门票），支付与通卡类应用（积分消费卡、校园一卡通、企业一卡通、公交一卡通）。

6. SM9非对称算法

SM9是标识密码算法，与SM2类似，包含四个部分：总则、数字签名算法、密钥交换协议以及密钥封装机制和公钥加密算法。不同于SM2算法，SM9算法可以实现基于身份的密码体制，也就是公钥与用户的身份信息即标识相关，从而比传统意义上的公钥密码体制有许多优点，省去了证书管理等。

7.3.3 IPSec

IPSec（IP Security）是IETF的IPSec工作组于1998年制订的一组基于密码学的开放网络安全协议。IPSec工作在网络层，为网络层及以上层提供访问控制、无连接的完整性、数据来源认证、防重放保护、保密性、自动密钥管理等安全服务。IPSec是一套由多个子协议组成的安全体系。

1. IPSec体系结构

IPSec主要由AH（Authentication Header，认证头部）协议、ESP（Encapsulating Security Payload，封装安全载荷）协议和负责密钥管理的IKE（Internet Key Exchange，Internet密钥交换）协议组成。IPSec通过AH协议和ESP协议来对网络层或上层协议进行保护，通过IKE协议进行密钥交换。各协议之间的关系如图7-1所示。

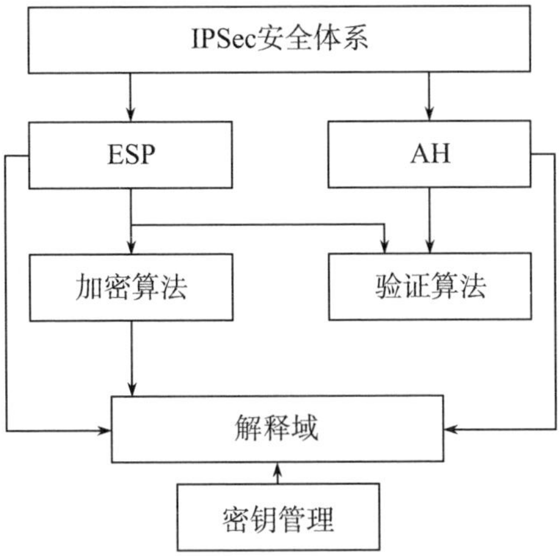

（1）AH。AH为IP数据报提供无连接的数据完整性和数据源身份认证，同时具有防重放（replay）攻击的能力。可通过消息认证（如MD5）产生的校验值来保证数据完整性；通过在待认证的数据中加入一个共享密钥来实现数据源的身份信证；通过AH头部的序列号来防止重放攻击。

图7-1　IPSec安全体系结构示意图

（2）ESP。ESP为IP数据报提供数据的保密性（通过“加密算法”来实现）、无连接的数据完整性和数据源身份认证以及防重放攻击保护。与AH相比，数据保密性是ESP的新增功能。ESP中的数据源身份认证、数据完整性校验和防重放攻击保护的实现与AH相同。

（3）解释域（DOI）。解释域将所有的IPSec协议捆绑在一起，为IPSec的安全性提供综合服务。例如，当系统中同时使用了ESP和AH时，解释域将两者的安全性进行集成。

（4）IKE。IKE协议是密钥管理的一个重要组成部分，它在通信系统之间建立安全关联，提供密钥确定、密钥管理的机制，是一个产生和交换密钥并协调IPSec参数的框架。IKE将密钥协商的结果保留在SA（安全关联）中，供AH和ESP通信时使用。

2. IPSec的工作模式

IPSec协议可以在传输模式和隧道模式两种模式下运行。

（1）传输模式。传输模式使用原来的IP头部，把AH或ESP头部插入到IP头部与TCP端口之间，为上层协议提供安全保护。传输模式保护的是IP数据报中的有效载荷（上层的TCP报文段或UDP数据报）。传输模式的IPSec组成结构如图7-2所示。

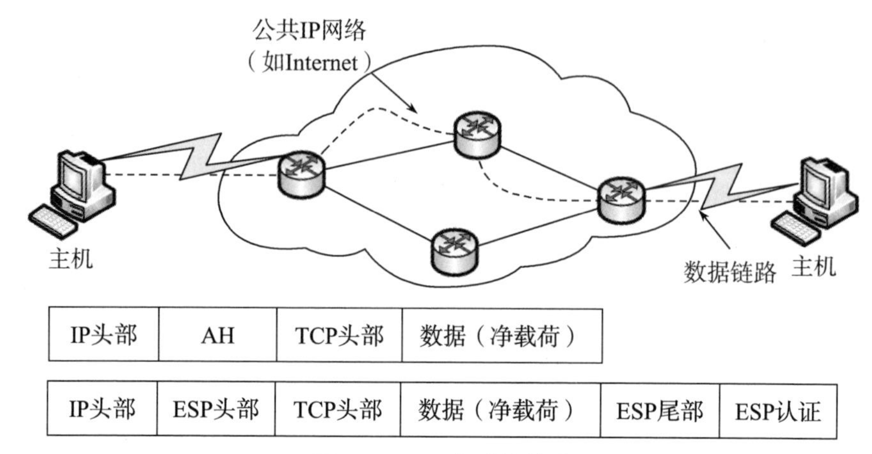

IP头部	AH	TCP头部	数据（净载荷）

IP头部	ESP头部	TCP头部	数据（净载荷）	ESP尾部	ESP认证

图7-2　IPSec的传输模式

IPSec的传输模式实现了主机之间的端到端的安全保障，AH和ESP保护的是用户数据（净载荷）。在通常情况下，传输模式只用于两台主机之间的安全通信。

（2）隧道模式。隧道模式工作时，首先为原始IP数据报增加AH或ESP头部，然后再在外部添加一个新IP头部。原来的IP数据报通过这个隧道从IP网络的一端传递到另一端，途中所经过的路由器只检查最外面的IP头部，而不检查原来的IP数据。由于增加了一个新IP头部，因此新IP数据报的目的地址可能与原来的不一致。隧道模式的IPSec组成结构如图7-3所示。

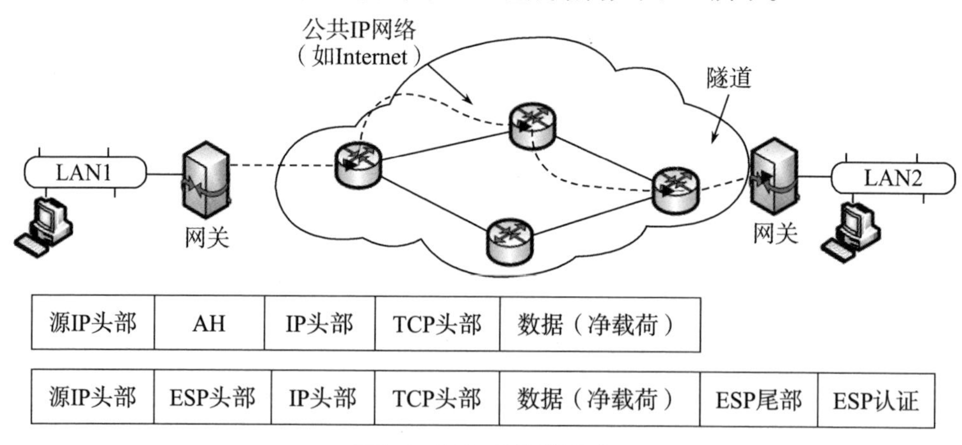

源IP头部	AH	IP头部	TCP头部	数据（净载荷）

源IP头部	ESP头部	IP头部	TCP头部	数据（净载荷）	ESP尾部	ESP认证

图7-3　IPSec的隧道模式

隧道模式为整个IP数据报提供了安全保护，通常用于隧道的其中一端或两端是安全网关（防火墙、路由器等）的网络环境中。使用隧道模式后，安全网关后面的主机可以使用内部私有IP地址进行通信，而且在内部通信中不需要使用IPSec。

传输模式下的IPSec数据包未对原始IP头部提供加密和认证，因而存在利用IP头部信息进行网络攻击的隐患。传输模式的优点是对原始数据包的长度增加很少，因此占用系统的开销也较小。在隧道模式下，由于原始数据包成了新数据包的净载荷，所以安全性较高，但对系统的开销较大。

3. AH

在IPSec安全体系中，AH通过验证算法为IP数据报提供了数据完整性和数据源身份认证功能，同时还提供了防重放攻击能力（可选），但AH协议不提供数据加密功能。

（1）数据完整性。是指保证数据在存储或传输过程中，其内容未被有意或无意改变。

（2）数据源身份认证。是指对数据的来源进行真实性认证，认证依据主要有源主机标识、用户账户、网络特性（IP地址、接口的物理地址等）。

（3）重放攻击。是指攻击者通过重放消息或消息片段达到对目标主机进行欺骗的攻击行为，其主要用于破坏认证的正确性。

在传输模式中，AH头部位于IP头部和传输层协议（TCP）头部之间，而在隧道模式中，AH位于新IP头部与原IP数字报之间，AH的认证方式及协议组成如图7-4所示。AH可以单独使用，也可以与ESP协议结合使用。

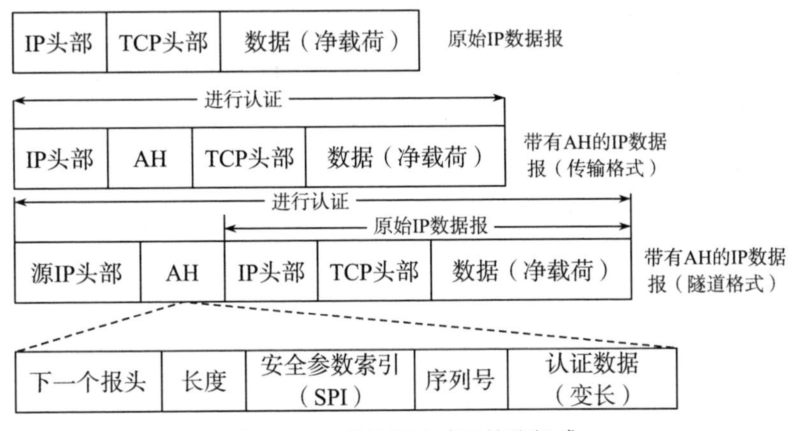

图7-4　AH的认证方式及协议组成

AH协议组成主要有以下几部分：

① 下一个报头（Next Header）。用于识别在AH后面的一个IP数据报的类型。在传输模式下，将是原始IP数据报的类型，如TCP或UDP；在隧道模式下，如果采用IPv4封装时这一字段值设置为4。如果是IPv6封装，这一字段值设置为41。

② 长度（Length）。指明AH头部信息的长度。由于在AH头部信息中还设置了“保留”字段，在不同应用中AH头部的长度是不确定的，所以对于某一个具体应用来说需要标明整个AH头部的长度值。

③ 安全参数索引（Security Parameters Index，SPI）。在AH头部中，SPI字段的长度为32位。SPI的值可以任意设置，它与IP头部（如果是隧道模式，则为“新IP头部”）中的目的IP地址一起用于识别数据报的安全关联。其中，当SPI为0被保留用来表明“没有安全关联存在”。

④ 序列号（Sequence Number）。序列号字段的长度为32位，它是一个单向递增的计数器，不允许重复，用于唯一地标识每一个发送数据包，为安全关联提供防重放攻击的保护。接收端通过校验序列号，确定使用某一序列号的数据包是否已经被接收过，如果已接收过，则拒收该数据包，避免了重放攻击的发生。

⑤ 认证数据（Authentication Data）。认证数据字段是一个可变长度的字段，但该字段中包含一个非常重要的项，即完整性检查和（ICV），它是一个Hash函数值。接收端在接收到数据包后，首先执行相同的hash运算，将运算值再与发送端所计算的ICV值进行比较，如果两者相同，表示数据完整。如果数据在传输过程中被篡改，则两个计算结果将不一致。

4. ESP

ESP为IP数据报提供数据的保密性、无连接的数据完整性、数据源身份认证以及防重放攻击的功能。其中，ESP安全协议的特点为：

（1）ESP服务依据建立的安全关联（SA）是可选的；

（2）数据完整性检查和数据源身份认证一起进行；

（3）仅当与数据完整性检查和数据源身份认证一起使用时，防重放攻击保护才是可选的；

（4）防重放攻击保护只能由接收方选择使用；

（5）ESP的加密服务是可选的，但当启用了加密功能后，也就选择了数据完整性检查和数据源身份认证。因为仅使用加密功能对IPSec系统来说是不安全的；

（6）ESP可以单独使用，也可以和AH结合使用。一般ESP不对整个IP数据报加密，而是只加密IP数据报的有效载荷部分，不包括IP头部。但在端对端的隧道通信中，ESP需要对整个原始数据报进行加密。

ESP的安全体系和协议组成如图7–5所示。其中，ESP头部包括安全参数和序列号两个字段，其功能描述与AH相同。ESP尾部包括扩展位、扩展位长度、下一个报头三部分。

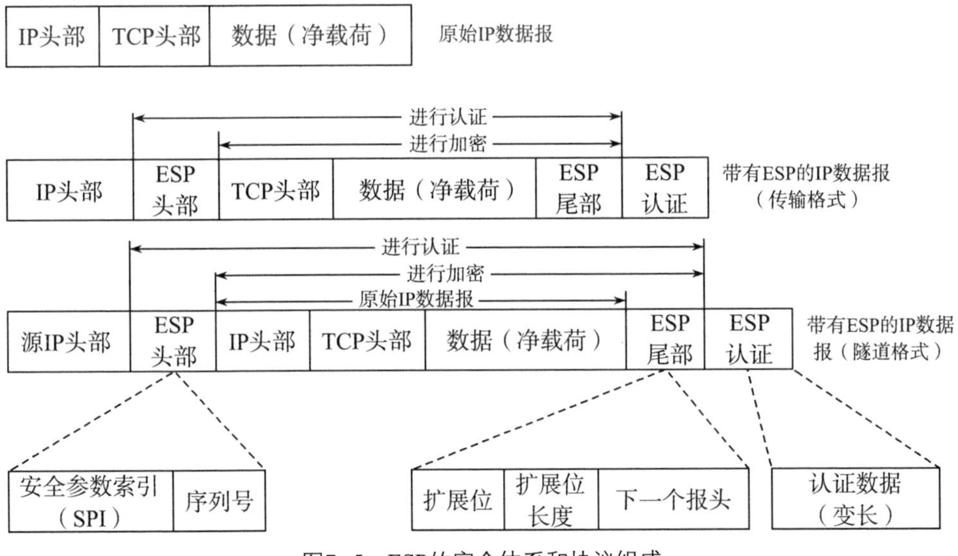

图7–5　ESP的安全体系和协议组成

① 扩展位（Padding）。其值在0 ~ 255字节之间。主要是在进行数据加密处理的过程中，使加密数据的长度符合某一加密算法的要求；或在加密时隐藏用户数据的真实长度，使用扩展位来填充。

② 扩展位长度（Padding Length）。它是ESP尾部的必选字段，表示扩展位的长度值。如果该字段值为0，表示没有扩展。

③ 下一个报头（Next Header）。用于识别在AH后面的一个IP数据报的类型，具体含义与AH协议中的下一个报头的定义相同。

ESP认证部分仅包含一个认证数据（Authentication Data）字段，只有在安全关联（SA）中启用了认证功能时，才会有此字段。其功能与AH中的数据认证字段的定义相同，但要认证的字段包括ESP头部、原始IP数据报和ESP尾部。

5. IKE

IKE（Internet Key Exchange，Internet密钥交换协议）是IPSec规定的一种用来动态创建安全关联（SA）的密钥协商协议。在一个安全关联（SA）中，两个系统需要就如何交换和保护数据预先达成协议。IKE过程就是IETF标准的一种安全关联和密钥交换解析的方法。

IKE实行集中化的安全关联管理，并生成和管理授权密钥，授权密钥用来保护要传输的数据。除此之外，IKE还使得管理员能够定制密钥交换的特性。例如，可以设置密钥交换的频率。

IKE为IPSec双方提供用于生成加密密钥和认证密钥的密钥信息。同样，IKE使用安全管理关联和密钥管理协议（Internet Security Association and Key Management Protocol，ISAKMP）为其他IPSec（AH和ESP）协议协商安全关联（SA）。

7.3.4 防火墙技术

1. 防火墙的概念

防火墙是指设置在不同网络（如可信赖的企业内部局域网和不可信赖的公共网络）之间或网络安全域之间的一系列部件的组合，通过监测、限制、更改进入不同网络或不同安全域的数据流，尽可能地对外部屏蔽网络内部的信息、结构和运行状况，以防止发生不可预测的、潜在破坏性的入侵，实现网络的安全保护。

从功能上，防火墙是被保护的内部网络与外部网络之间的一道屏障，是不同网络或网络安全域之间信息的唯一出入口，能根据内部网络用户的安全策略控制（允许、拒绝、监测）出入网络的信息流；从逻辑上，防火墙是一个分离器，一个限制器，也是一个分析器，能够有效地监控内部网和外部网络（如Internet）之间的所有活动，保证了内部网络的安全；从物理实现上，防火墙是位于网络特殊位置的一系列安全部件的组合，它既可以是专用的防火墙硬件设备，也可以是路由器或交换机上的安全组件，还可以是运行有安全软件的主机或直接运行在主机上的防火墙软件。

2. 防火墙的基本功能

防火墙技术随着计算机网络技术的发展而不断向前发展，其功能也越来越完善。一台高效可靠的防火墙应具有以下的基本功能。

（1）监控并限制访问。针对网络入侵的不安全因素，防火墙通过采取控制进出内、外网络数据包的方法，实时监控网络上数据包的状态，并对这些状态加以分析和处理，及时发现存在的异常行为；同时，根据不同情况采取相应的防范措施，从而提高系统的抗攻击能力。

（2）控制协议和服务。针对网络自身存在的不安全因素，防火墙对相关协议和服务进行控制，使得只有授权的协议和服务才可以通过防火墙，从而大大降低了因某种服务、协议的漏洞而引起安全事故的可能性。例如，当允许外部网络用户匿名访问内部DNS服务器时，就需要在防火墙上对访问协议和服务进行限制，只允许HTTP协议利用TCP 80端口进入网络，而其他协议和端口将被拒绝。防火墙可以根据用户的需要在向外部用户开放某些服务（如WWW、FTP等）的同时，禁止外部用户对受保护的内部网络资源进行访问。

（3）保护内部网络。针对应用软件及操作系统的漏洞或“后门”，防火墙采用了与受保护网络的操作系统、应用软件无关的体系结构，其自身建立在安全操作系统之上；同时，针对受保护的内部网络，防火墙能够及时发现系统中存在的漏洞，对访问进行限制；防火墙还可以屏蔽受保护网络的相关信息。

（4）转换私有网络地址（NAT）。网络地址转换（Network Address Translation，NAT）是指在局域网内部使用私有IP地址，而当内部用户要与外部网络（如Internet）进行通信时，就在网络出口处将私有IP地址替换成公用IP地址。

（5）虚拟专用网（VPN）。虚拟专用网（Virtual Private Network，VPN）是在公用网络中建立的专用数据通信网络。在虚拟专用网中，任意两个节点之间（如局域网与局域网之间、主机与主机之间、主机与局域网之间）的连接并没有传统专用网络所需的端到端的物理链路，而是利用已有的公用网络资源（如Internet、ATM、帧中继等）建立的逻辑网络，节点之间的数据在逻辑链路中传输。目前VPN在网络中得到了广泛应用，作为网络特殊位置的防火墙应具有VPN的功能，以简化网络配置和管理。

（6）日志记录与审计。当防火墙系统被配置为所有内部网络与外部网络连接均需经过的安全节点时，防火墙会对所有的网络请求做出日志记录。日志是对一些可能的攻击行为进行分析和防范的十分重要的情报信息。另外，防火墙也能够对正常的网络使用情况做出统计。这样网络管理人员通过对统计结果的分析，就能够掌握网络的运行状态，进而更加有效地管理整个网络。

3. 防火墙的基本工作原理

防火墙功能的实现依赖于对通过防火墙的数据包的相关信息进行检查，而且检查的项目越多、层次越深，则防火墙越安全。

对于一台防火墙来说，如果知道了其运行在TCP/IP体系的哪一层，就可以知道它的体系结构是什么，主要的功能是什么。例如，当防火墙主要工作在TCP/IP体系的网络层时，由于网络层的数据是IP分组，所以防火墙主要针对IP分组进行安全检查，这时需要结合IP分组的结构（如源IP地址、目的IP地址等）来掌握防火墙的功能，进而有针对性地在网络中部署防火墙产品。再如，当防火墙主要工作在应用层时，就需要根据应用层的不同协议（如HTTP、DNS、SMTP、FTP、TELNET等）来了解防火墙的主要功能。

一般来说，防火墙在TCP/IP体系中的位置越高，防火墙需要检查的内容就越多，对CPU和内存的要求就越高，也就越安全。但是，防火墙的安全不是绝对的，它寻求一种在可信赖和性能之间的平衡。在防火墙的体系结构中，在CPU和内存等硬件配置基本相同的情况下，高安全性的防火墙的效率和速率较低，而高速度和高效率的防火墙其安全性则较差。

4. 防火墙的应用

作为最基本的网络安全防护措施，防火墙将网络不但在物理上进行了分割，而且在安全逻辑上进行了严格的划分。

（1）防火墙在网络中的位置

防火墙多应用于局域网的出口，如图7-6（a）所示，或置于两个网络中间位置，如图7-6（b）所示。对于绝大多数局域网来说，在将局域网接入Internet时，在路由器与局域网中心交换机之间一般都要配置一台防火墙，以实现对局域网内部资源的安全保护。

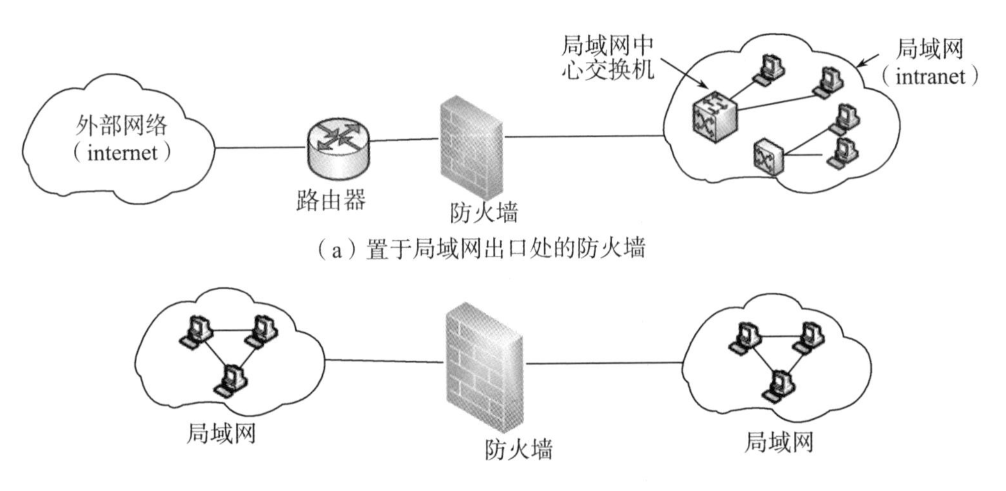

（a）置于局域网出口处的防火墙

（b）置于两个局域网中间的防火墙

图7-6 防火墙在网络中的位置

根据应用的不同，防火墙一般可以分为路由模式防火墙和透明模式防火墙两类。其中，路由模式防火墙可以让处于不同网段的计算机通过路由转发的方式互相通信，如图7-6（b）所示，路由模式防火墙存在以下两个局限：

① 防火墙各端口所连接的网络位于不同的网段；

② 与防火墙直接连接的设备（计算机、路由器或交换机）的网关都要指向防火墙。

路由模式防火墙也称为“不透明”的防火墙。而透明模式防火墙可以连接两个位于同一逻辑网段的物理子网，将其加入一个已有的网络时可以不用修改边缘网络设备的设置。透明模式防火墙的应用如图7-6（a）所示。

（2）使用防火墙后的网络组成

防火墙是构建可信赖网络域的安全产品，加入防火墙后的网络组成如图7-7所示。当一个网络在加入了防火墙后，防火墙将成为不同安全域之间的一个屏障，原来具有相同安全等级的主机或区域将会因为防火墙的介入而发生变化，主要表现为：

① 信赖域和非信赖域。当局域网通过防火墙接入公共网络时，以防火墙为节点将网络分为内、外两部分，其中内部的局域网称为信赖域，而外部的公共网络（如Internet）称为非信赖域。

② 信赖主机和非信赖主机。位于信赖域中的主机因为具有较高的安全性，所以称为信赖主机；而位于非信赖域中的主机因为安全性较低，所以称为非信赖主机。

③ DMZ（Demilitarized zone）称为“隔离区”。DMZ是介于信赖域和非信赖域之间的一个安全区域。因为在设置了防火墙后，位于非信赖域中的主机是无法直接访问信赖区主机的，但原来（未设置防火墙时）位于局域网中的部分服务器需要同时向内外用户提供服务。为了解决设置防火墙后外部网络不能访问内部网络服务器的问题，便采用了一个信赖域与非信赖域之间的缓冲区，这个缓冲区中的主机（一般为服务器）虽然位于单位内部网络，但允许外部网络访问。

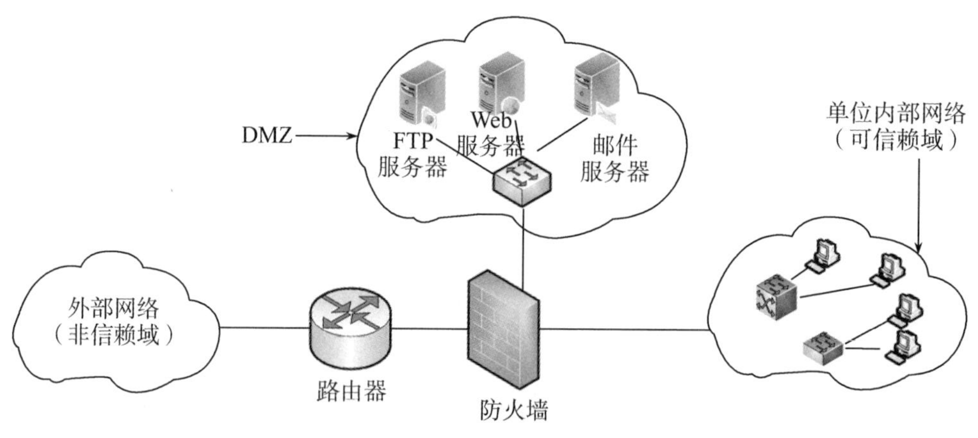

图7-7　加入防火墙后的网络组成

7.3.5 网络安全态势感知

网络安全态势感知（Network Security Situation Awareness，NSSA）是近几年发展起来的一个热门研究领域。它能够融合所有可获取的信息并对网络的安全态势进行评估，为安全分析员提供决策依据，将不安全因素带来的风险和损失降到最低，在提高网络的监控能力、应急响应能力和预测网络安全的发展趋势等方面都具有重要的意义。

1999年，网络态势感知（Cyber Situation Awareness，CSA）的概念首次被提出，希望通过感知时间和空间环境中的元素，使人们可以更好地把握网络整体安全状况及预测未来变化趋势，这在一定程度上促进了网络安全技术的发展。

目前的态势感知（Situational Awareness）技术源于CSA的概念，与网络空间概念进行了有机结合，并随着大数据、人工智能等技术的应用得到了快速的发展。

1. 网络安全态势感知的概念

网络安全态势感知（NSSA）是在传统网络安全管理的基础上，通过对分布式环境中信息的动态获取，经数据融合、语义提取、模式识别等综合分析处理后，对当前网络的安全态势进行实时评估，从中发现攻击行为和攻击意图，为安全决策提供相应的依据，以提高网络安全的动态响应能力，尽可能降低因攻击而造成的损失。

态势感知技术较早就已经应用到NIDS（Network Intrusion Detection System，网络入侵检测系统）中，用于融合来自不同IDS的异构数据，识别出攻击者的身份，确定攻击频率和受威胁程度。NSSA是态势感知技术和方法在信息安全领域的具体应用，具体是指在能够提供足够可用信息的大规模网络中，实时获取引起网络态势发生变化的安全要素，使安全管理人员能够以直观的方式从宏观上掌握网络的安全态势，以及该安全态势对网络正常运行的影响。NSSA的任务主要表现为：对测量到的被检测设备与系统产生的原始异构数据的融合与语义提取，辨识出网络活动的意图，判断活动意图产生的安全威胁。为便于观察，NSSA还需要将网络安全状况以可视化方式展现出来。

2. 网络安全态势感知的实现原理

网络安全态势感知本质上是获取并理解大量网络安全数据，判断当前整体安全状态并预测短期未来趋势。可分为网络安全态势要素提取、网络安全态势理解和网络安全态势预测三个阶段，网络安全态势感知示意如图7-8所示。网络安全态势感知基于大规模网络环境中的安全要素和特征，采用数据分析、数据挖掘和智能推演等方法，准确理解和量化当前网络空间的安全态势，有效检测网络空间中的各种攻击事件，预测未来网络空间安全态势的发展趋势，并对引起态势变化的安全要素进行溯源。

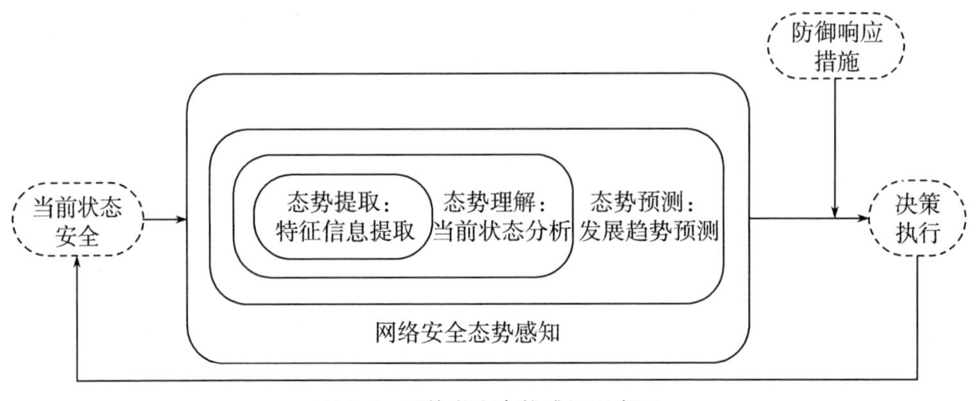

图7-8　网络安全态势感知示意图

（1）网络安全态势要素提取。准确、全面地提取网络中的安全态势要素是网络安全态势感知研究的基础。由于网络已经发展成一个庞大的复杂系统，具有很强的结构上的灵活性、功能上的差异性和应用上的广泛性，这给网络安全态势要素的提取带来了一定的难度。

目前网络的安全态势要素主要包括静态的配置信息、动态的运行信息以及网络的流量信息等。其中，静态的配置信息包括网络的拓扑信息、脆弱性信息和状态信息等基本的环境配置信息；动态的运行信息包括从各种防护措施的日志采集和分析技术获取的威胁信息等基本的运行信息；网络流量信息是指在网络中实时传输和交流的数据。

（2）网络安全态势理解。网络安全态势的理解是指在获取海量网络安全数据信息的基础上，通过解析信息之间的关联性，对其进行融合，以获取宏观的网络安全态势。对于网络安全态势的理解过程其实也是一个对其态势的评估过程，数据融合是这一工作的核心。

网络安全态势理解摒弃了针对单一的安全事件，而是从宏观角度去考虑网络整体的安全状态，以期获得网络安全的综合评估，达到辅助决策的目的。目前应用于网络安全态势理解的数据融合算法，大致分为以下几类：基于逻辑关系的融合方法、基于数学模型的融合方法、基于概率统计的融合方法以及基于规则推理的融合方法。

（3）网络安全态势预测。网络安全态势的预测是指根据网络安全态势的历史信息和当前状态信息对网络未来一段时间的发展趋势进行预测。网络安全态势的预测是态势感知的一个基本目标。

由于网络攻击的随机性和不确定性，使得将攻击行为作为衡量基础的安全态势变化是一个复杂的过程，限制了传统预测模型的使用。目前网络安全态势预测一般采用神经网络、时间序列预测法和支持向量机等方法。

3. 安全态势感知的实现方法

网络态势是由网络设备运行状况、网络行为以及用户行为等因素所构成的网络空间当前状态和将来的发展趋势，态势的监测对象包括组成网络空间的网络链路、传输系统和业务应用中所承载数据以及网络设备、终端、服务器和安全设备。

网络安全态势感知利用大数据融合、分析和挖掘技术，在人工智能等技术的支持下，对用户网络空间中的网络安全要素进行获取、理解、显示以及预测。网络安全态势感知的总体框架如图7-9所示。

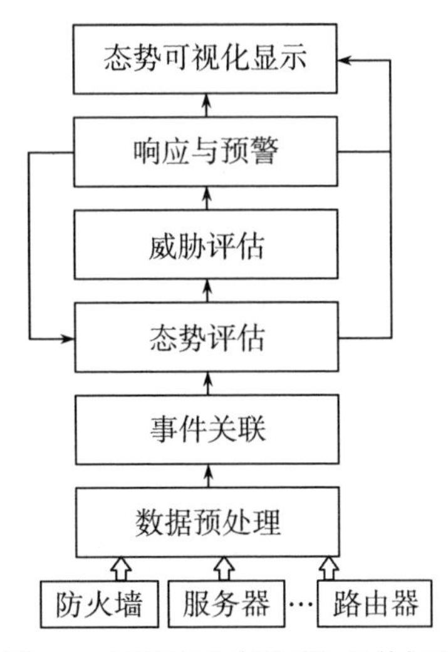

图7-9　网络安全态势感知总体框架

（1）数据预处理。预处理的数据来源于网络态势监测设备，数据预处理主要实现网络安全态势数据的清洗、格式转换以及安全存储等功能。

（2）事件关联。事件关联分析主要采用多维数据融合技术，对多源异构网络安全态势数据从协议自身、时间节点和承载的设备等多个维度进行关联和识别。

（3）态势评估。事件关联分析输出安全事件，供态势评估使用。态势评估主要利用大数据清洗、分析和挖掘技术，实现安全态势元素提取、挖掘分析，提供未来安全态势的预测，形成整体网络综合态势图，为安全技术人员和管理人员提供辅助决策信息。

（4）威胁评估。威胁评估是构建在态势评估基础上的，需要有态势评估的先验知识。威胁评估是对恶意网络攻击的破坏能力和损害程度的评估。因此，态势评估侧重分析事件出现的频率、种类和分布情况，而威胁评估则重点关注对网络空间的威胁程度。

（5）响应与预警。响应与预警是根据网络安全日常管理和应急处置流程实施安全响应，包括调整安全设备的防护策略和实施访问阻断等措施，并将响应结果进行可视化展示。

（6）态势可视化显示。态势可视化为管理者和技术人员提供可视化界面，开展安全态势研判和预测。

网络安全态势感知研究是近几年发展起来的一个热门研究领域，它融合网络中所有可获取的信息实时评估网络的安全态势，为网络安全的决策分析提供依据，将不安全因素带来的风险和损失降到最低。网络安全态势感知在提高网络的监控能力、应急响应能力和预测网络安全的发展趋势等方面都具有重要的意义。网络安全态势感知技术的发展较快，尤其是随着大数据、人工智能、智能感知等技术的应用，将会使该项技术更加成熟。

7.4 下一代互联网安全技术应用发展

随着网络技术的快速应用与发展，网络空间信息系统不断出现新形态，如软件定义网络（SDN）、云计算、物联网、大数据、人工智能、区块链、移动互联网和工业互联网等。网络空间的这些新形态，为下一代互联网安全技术开辟了新的应用领域。

1. 软件定义网络安全

基于软件定义网络SDN的应用，冲击着传统网络安全防护技术。基于SDN的网络架构，其智能集中在逻辑上中心化的网络操作系统及其APP上，使网络变成一台可以编程的计算机。SDN作为一种新的网络体系结构，其全新的理念、创新式的应用给网络安全技术带来了许多尚待研究的新课题，主要体现在以下方面。

（1）安全即服务。按照SDN控制与转发分离的思想，网络安全可以作为一种网络控制层面的应用，运行在网络操作系统之上，对网络实施统一控制。威胁的探测和数据的转发实现解耦，用户可根据自己的安全需求，在控制层面选取实现某种威胁检测模型的安全应用，在数据平面选取某一性能的交换机，组合实现最符合自己需求的网络安全解决方案。这样，作为网络操作系统上运行的应用，网络安全更容易以软件服务的形式提供，安全即服务。

（2）基于网络全局的安全控制。在网络操作系统之上运行的网络安全应用，比网络或安全设备所处的层次高，通过对网络全局信息的掌控，可以实施更高层次的安全控制。由于网络安全应用只是网络操作系统中的一种应用，网络操作系统可以对各种应用进行权衡，有利于实现对网络的统一控制，即除网络安全外，还可以综合考虑网络应用性能、负载均衡等多方面的需求。

（3）安全集中管控。对于一些专用网络，其网络规模不是很大，信息流相对固定，特别强调信息安全的合规性，需要对用户进行认证、授权和审计，采用SDN的网络架构具有集中管控的优势。另外，集中管控还可以满足网络拓扑经常变动的需求，能够随用户移动、虚拟机迁移而进行动态调整。

2. 云计算安全

云计算面临诸多新的安全威胁，其中，重要的是分析与解决云计算的服务模式、虚拟化管理方式以及多租户共享运营等对数据安全与隐私保护带来的安全威胁。解决这些问题并不缺乏技术基础，如数据外包与服务外包安全、可信计算环境和虚拟机安全等技术，关键在于如何将上述安全技术在云计算环境下进行使用化，形成支撑云计算安全的技术体系，并最终为云用户提供具有安全保障的云服务。

3. 大数据安全技术

在大数据时代，海量数据的存储和分析成了互联网产业的一项重要任务。大数据的应用也带来了数据安全和隐私保护的挑战。为了解决这些问题，大数据安全技术应运而生。大数据安全技术主要包括数据采集、传输、存储、挖掘和应用等方面的技术手段，旨在保护大数据的安全性和隐私性。

（1）大数据采集安全技术。海量数据在大规模的分布式采集过程中需要从数据的源头保证数据的安全性，在数据采集时便对数据进行必要的保护，必要时要对敏感数据进行加密处理等。安全的数据融合技术是利用计算机技术将来自多个传感器的观测信息进行分析、综合处理的技术，不但可以去除冗余信息、减小数据传输量，提高数据的收集效率和准确度，还可以确保采集数据的完整性，进行隐私保护。

（2）大数据传输安全技术。在数据传输过程中，虚拟专网技术（VPN）拓宽了网络环境的应用，有效地解决信息交互中带来的信息权限问题，大数据传输过程中可采用VPN建立数据传输的安全通道，将待传输的原始数据进行加密和协议封装处理后再嵌套到另一种协议的数据报文中进行传输，以此满足安全传输要求，主要采用的安全协议包括SSL协议、IPSec协议等。

（3）大数据存储安全技术。大数据存储需要保证数据的机密性和可用性，涉及的安全技术包括非关系型数据的存储、静态和动态数据加密以及数据的备份与恢复等。非关系型数据存储利用云存储分布式技术可很好地解决大规模非结构化数据的在线存储、查询和备份，为海量数据的存储提供有效的解决方案。

（4）大数据挖掘安全技术。大数据挖掘是从海量数据中提取和挖掘知识，大数据挖掘安全首先需要做好隐私保护，目前隐私保护的数据挖掘方法按照基本策略主要有数据扰乱法、查询限制法和混合策略。其次，大数据挖掘安全技术方面还需要加强第三方挖掘机构的身份认证和访问管理，以确保第三方在进行数据挖掘的过程中不植入恶意程序，不窃取系统数据，确保大数据的安全。

4. 区块链技术在网络安全中的应用

区块链技术以其去中心化、防篡改等特性，逐渐被应用于网络安全领域。区块链技术可以构建安全的身份认证系统，确保用户的身份和数据安全。此外，通过区块链技术还可以实现安全的数据共享和交换，有效防止数据泄露和篡改。

5. 边缘计算与网络安全的融合

边缘计算是一种将数据处理和存储推向网络边缘的计算模式。边缘计算的兴起为网络安全领域带来了新的挑战和机遇。如何保护分布在边缘设备上的数据安全，成了待解决的问题。未来，随着边缘计算技术的不断完善，网络安全技术也将与之融合，提供更加强大的安全保护。

6. 量子技术与网络安全的结合

量子技术是一种基于量子力学原理的信息处理和传输技术。由于其独特的特性，量子技术可以在安全通信方面提供更高的保护水平。未来，量子技术与网络安全的结合将重塑密码学和信息安全的格局，为网络安全提供更加可靠的保障。

下一代互联网安全技术的发展正处于快速、多样化的阶段。云安全、大数据安全、人工智能技术的应用，为其提供了新的思路和解决方案。未来，区块链技术、边缘计算与网络安全的融合以及量子技术的应用将推动下一代互联网迈上一个新的台阶。

练习题

1. 分析IPv6网络面临的安全性问题。

2. 简述量子密码和后量子密码的优缺点。

3. IPSec由什么组成？IP AH和IP ESP的主要区别是什么？简述IPSec提供的安全服务。

4. 简述传输模式和隧道模式的主要区别。

5. 结合实际应用，从用户角度分析防火墙应该具有的功能。

6. 简述网络安全态势感知的基本工作原理。

参考文献

［1］吴功宜，吴英. 深入理解物联网［M］. 北京：机械工业出版社，2020.

［2］沈嘉，索士强，全海洋，等. 3GPP长期演进（LTE）技术原理与系统设计［M］. 北京：人民邮电出版社，2008.

［3］3GPP Tdoc Rl-101724. On PCFICH for Carrier Aggregation［S］. EST-Ericsson，2010.

［4］3GPP Tdoc R1-100258. The Standardization Impacts of Downlink CoMP［S］. Huawei，2010.

［5］IMT-2020（5G）推进组. 5G概念白皮书［Z］. 2015.

［6］ANDREWS J G，BUZZI S，CHOI W，et al. What will 5G be?［J］. IEEE Journal on Selected Areas in Communications，2014.1065-1

［7］程鹏. 基于凸优化理论的无线网络跨层资源分配研究［D］. 杭州：浙江大学，2008.

［8］贺听，李斌. 异构无线网络切换技术［M］. 北京：北京邮电大学出版社，2008.

［9］李浪波. 异构无线网络中的QoS保障机制研究［D］. 北京：北京邮电大学，2012.

［10］唐震洲，施晓秋，刘军. 无线与移动网技术（第2版）［M］. 北京：高等教育出版社，2020.

［11］刘化君. 网络安全技术［M］. 北京：机械工业出版社，2022.

［12］王群，李馥娟. 网络安全技术［M］. 北京：清华大学出版社，2020.

［13］周星. 下一代互联网新技术理论与实践［M］. 北京：科学出版社，2022.

［14］刘江，黄韬等. 软件定义网络（SDN）基础教程［M］. 北京：人民邮电出版社，2022.

［15］孙刚. 关于网络安全技术中的量子密码通信分析［J］. 数字通信世界，2020（09）：97-98.

［16］吴功宜，吴英. 计算机网络（第五版）［M］. 北京：清华大学出版社，2021.

［17］谢希仁. 计算机网络（第七版）［M］. 北京：电子工业出版社，2017.

［18］李联宁. 网络工程（第三版）［M］. 北京：清华大学出版社，2020.

［19］谢钧，谢希仁. 计算机网络教程：微课版（第六版）［M］. 北京：人民邮电出版社，2021.

［20］杨妍玲. 后量子密码在信息安全中的应用与分析［J］. 信息与电脑（理论版），2020，32（08）：177-181.

［21］郭得科，陈涛，罗来龙，李妍. 数据中心的网络互联结构和流量协同传输管理［M］. 北京：清华大学出版社出版，2016.

［22］崔升广. 虚拟化技术与应用［M］. 北京：人民邮电出版社，2023.7

［23］刘化君，吴海涛，毛其林等. 大数据技术［M］. 北京：电子工业出版社，2019.7

［24］刘湘生　于苏丰. 区块链［M］. 南京：南京大学出版社. 2021.4

［25］谭振建　毛其林. SDN技术及应用［M］. 西安：西安电子科技大学出版社. 2022.4

［26］钟文清，陈凯渝，王祖仙等. SDN数据层和控制层关键技术研究［J］. 移动通信，2017，41（13）：13-19.

［27］郑毛祥，苏雪. 数据通信技术（第2版）［M］. 北京：中国铁道出版社，2015.

［28］王宜怀，张建，刘辉等. 窄带物联网NB-IoT应用开发共性技术［M］. 北京：电子工业出版社，2019.

［29］甘泉. LoRa物联网通信技术［M］. 北京：清华大学出版社，2021.